New Wun Ching Developmental Publishing Co., Ltd.

New Age · New Choice · The Best Selected Educational Publications — NEW WCDP

第2版

西餐烹調

丙級技術士技能檢定考照必勝

烹調

| SECOND EDITION |

WESTERN CULINARY

編著　新文京編輯小組

國家圖書館出版品預行編目資料

西餐烹調丙級技術士技能檢定考照必勝／新文京編輯
小組編著. -- 二版. -- 新北市：新文京開發出版股
份有限公司, 2021.10
　　面；　公分

ISBN　978-986-430-783-8（平裝）

1. 烹飪　2. 食譜　3. 考試指南

427.12　　　　　　　　　　　　　　110016063

西餐烹調丙級技術士技能檢定
考照必勝（第二版）　　　　　　　　　　（書號：HT47e2）

編 著 者	新文京編輯小組
出 版 者	新文京開發出版股份有限公司
地　　址	新北市中和區中山路二段 362 號 9 樓
電　　話	(02) 2244-8188（代表號）
Ｆ Ａ Ｘ	(02) 2244-8189
郵　　撥	1958730-2
初　　版	西元 2018 年 12 月 01 日
二　　版	西元 2021 年 10 月 01 日

編輯大意
TO THE INSTRUCTOR

　　隨著科學文明的發達、全球社會經濟的發展，以及交通的便利，現代西餐的風貌已經與傳統西餐迥然不同。現代西餐已跨越國界，世界各國的料理亦融入西餐中，呈現更多元化及創新的風格；加以工商業社會的發達，外食人口急速成長，餐飲業亦隨之蓬勃發展，為提供快速及便利的用餐環境，標準化食譜及服務方式，成為西餐經營及烹調的必要趨勢與走向。

　　為因應上述情況，政府設立西餐烹調技術士檢定證照，對於有興趣從事西餐相關行業的民眾來說，通過西餐烹調丙級技術士檢定，可說是踏入此行業最基本的條件之一。二版依據最新考試規則，修訂器具、設備，提供完整應試資訊，增進讀者菜餚製作的能力及知識，並期許讀者能順利考取西餐烹調技術士檢定證照。

1. 本書提供勞動部勞動力發展署最新公布技能檢定簡章，內容分明、條例清楚，讓應考者對報名資格及方式有所認識。

2. 由具備數十年資歷的師傅親自實作並指導新文京編輯團隊逐字、逐圖仔細編撰完成，包含最新的西餐丙級術科三大題、15 個題組共 60 道的菜餚，提供實作技巧與方法。

3. 每一個題組都有詳細的總材料表，方便考生預先準備；每一道菜都有仔細的材料明細、用品單，以及製作過程的圖解說明、提示重點與烹調技巧解說，學習起來順暢且易懂。

4. 本書內容詳細，說明如何選購新鮮食材，與考場提供的各式醬料、調味料，還有詳細的刀工圖文流程示範，方便在家操作練習，順利通過考試。

5. 內附學科考題，有利考生複習，順利考過西餐丙檢檢定。

　　本書兼具眾多優點，是考照與廚藝進步的必備好書，誠摯推薦給您！

目 錄
CONTENTS

試題 ▶ 303

PART 4 西餐烹調丙級學科測試試題及解答　209

Western Culinary

PART

西餐烹調丙級
術科測試應檢人須知

 西餐烹調丙級技術士技能檢定術科測試應檢人須知

一、 本須知應於檢定前兩星期寄發應檢者供先行閱讀，俾使其了解術科測試之一般規定，測試程序及應注意遵守等事項。

二、 本套試題共有 3 題（試題編號：14000-910301~14000-910303），測試時間均為 4 小時，抽題辦法說明如下：

（一）測試所使用之大題，由職類協調會（在校生專案檢定於年度總召學校召開工業類分區工作協調會）抽籤產生一大題，並作成紀錄公告於勞動部勞動力發展署技能檢定中心網站，另有關辦理在校生專案檢定以外之專案檢定及即測即評及發證檢定之測試試題，以當梯次受理報名第一天主管單位網站所公告之大題辦理（主管單位於每 2 個月抽題後公告，遇假日順延）；各術科辦理單位應將測試之一大題題號於寄發測試參考資料時一併寄予應檢人。

（二）術科測試辦理單位應在檢定測試前 3 天內（若遇市場休市、休假日時可提前一天）由該大題中抽出兩個組別（A、B、C、D、E 組），供準備材料及測試使用。術科測試如連續辦理數日，每日測試之組別均應分別於測試前 3 天內以網路版電子抽籤系統抽出各日測試之兩組別。兩組別之抽題結果應保密禁止事先公開。抽出之組別分別填寫於抽題紀錄表（參見「陸、西餐烹調丙級技術士技能檢定術科測試抽題紀錄表」）後，再各自放入 2 個不透光之牛皮信封袋簽名彌封（每個信封各放入一個組別的抽題紀錄表，信封封面註記職類名稱及檢定測試日期以免誤認）。

（三）術科辦理單位應準備電腦及印表機相關設備各一套，依本試題規定的期限以電子抽籤系統抽出測試之兩個組別，並列印電子抽籤紀錄及填寫抽題紀錄表（參見「陸、西餐烹調丙級技術士技能檢定術科測試抽題紀錄表」）。本職類級別只限使用網路版電子抽籤系統（上、下午場次的進入碼擇一選用），禁止使用實體籤條或單機版電子抽籤系統抽出測試前 3 天之兩組別。

（四）檢定當日上午場測試之組別，應由上午場應檢人代表從 2 個彌封的信封中抽出 1 組測試。信封抽出後，應檢人代表應於當場次應檢人面前拆開信封並公開組別。下午場測試時，另 1 彌封的信封直接由下午場應檢人代表抽出後，於當場次應檢人面前拆封並公開組別，監評長（或指示辦理單位）應同時出示列印之電子抽籤紀錄及上午場次已拆封之抽題紀錄表供應檢人核對。未到場或遲到之應檢人對抽題結果不得提出異議。

三、 一般規定

（一）應檢者必須攜帶身分證、准考證及依試題規定自備工具（請參考「貳、應檢人自備工具表」）、依照排定之日期、時間及地點準時參加術科測試，

依「技術士技能檢定作業及試場規則」第三十九條：「依規定須穿著制服之職類，未依規定穿著者，不得進場應試」。而未穿著符合試題規定之廚師工作服、鞋者（請參考「參、西餐烹調丙級技術士技能檢定術科測試檢定參考資料」的「六、應檢人服裝圖示」），不准進場檢定，且不予計分。應檢人對於自備工具、服裝穿著有異議時，監評長應邀集監評人員召開監評人員臨時會議討論決議之。

（二）應檢者須當日測試前 30 分鐘完成報到手續並領取識別證，應即佩戴。

（三）測試前 10 分鐘於指定場所列隊集合，聆聽監評長宣布有關安全注意事項及測試場環境。

（四）測試前應檢人由監評長帶領進入測試場後，即自行核對測試位置。

（五）就位後即開始點檢設備、工具及材料，如有缺失，應即調換，逾時則不予處理。

（六）當監評長宣布測試開始後，考生才可開始操作。

（七）測試開始逾 15 分鐘遲到，或測試進行中未經監評人員許可而擅自離開考場，均不得進場應考。

（八）應檢人於測試進行中有特殊原因，經監評人員許可而離開考場者，不得以任何理由藉故要求延長測試時間。

（九）測試使用之材料一律由測試辦理單位統一供應，不得使用自備之材料。

（十）測試前須先閱讀試題，如有印刷不清之處，得於測試位置舉手向擔任之監評人員請示。

（十一）考場內所供應之設備、工具應小心使用，如因使用不當而損壞者，予以扣分，故意毀壞者，以「不及格」論，且兩者皆需照價賠償。

（十二）因誤作或施做不當而損壞材料，造成缺料情形者，不予補充材料，且不得使用自備之材料或向他人商借材料，一經發現以「不及格」論處。

（十三）應檢人應使用自行攜帶工具，如向他人借用時，則予以扣分。

（十四）測試進行中，使用之工具、材料等應放置有序，如有放置紊亂則予扣分。

（十五）測試進行中，應隨時注意安全，保持環境整潔衛生。

（十六）與試題有關之參考資料或材料均不得攜入考場使用，如經發覺則以夾帶論評為「不及格」。

（十七）工作不慎釀成災害以「不及格」論。

（十八）代人製作或受人代製作者，均以作弊「不及格」論。

（十九）考生須在測試位置操作，如擅自變換位置經勸告仍不理者，則以「不及格」論。

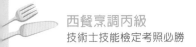
（二十）成品之繳交請按照本須知第四項之（四）（五）（六）（七）等說明規定辦理。

（廿一）測試時間屆滿，於監評長宣布「測試時間結束」時，考生應即停止操作。

（廿二）考生不得藉故要求延長測試時間。

（廿三）測試進行中途自願放棄或在規定時間內未能完成或逾時交件者，均以「不及格」論。

（廿四）測試後之成品、半成品等材料不論是否及格，考生均不得要求取回。

（廿五）凡不遵守測試規定，經勸導無效者，概以「不及格」論。

四、測試程序說明：

　　本測試時間為 4 小時，含測試後清理時間十五分鐘，必須於規定時間內完成成品各二人份供評分，考生應妥善計畫時間，掌握進度，茲概略說明如下：

（一）閱讀測試題目：本測試題目採中、外文並列，應檢人接到題目後應先仔細閱讀，每題目有四道菜餚，應先根據菜餚性質規劃製作順序。

（二）取用材料：按照測試題目取用所需材料，注意成品為每道菜餚均為二人份，取材取量之正確性亦為評分項目。

（三）製作菜餚：根據測試題目製作菜餚，除注意準備工作及烹調方法之正確性外，須注意衛生安全。菜餚重做者均不予計分。

（四）成品繳交：於測試時間內完成製作，經核對號碼後，即將成品放置於指定評分檯上，結束時尚未完成者，則不受理繳件。成品為各二人份。

（五）工具設備點交：將工具設備擦拭乾淨並排列整齊後，點交給服務員。

（六）場地清理：將測試位置及周圍地上之殘料等雜物清理，裝入垃圾桶內。

（七）繳回題證：將識別證、試題及材料採購表 (Market list) 與檢定工具記錄表等交回試務人員。

（八）離開考場：完成上述過程後，考生應即離開考場。

應檢人自備工具表

項次	工具名稱	規格	單位	數量	備註
1	白色廚師工作服（含上衣、圍裙、帽、褲）		套	1	請參考應檢人服裝圖示
2	穿著廚師工作鞋，內須著襪		套	1	請參考應檢人服裝圖示
3	白色廚房用紙		捲	2	
4	衛生指套（乳膠）		雙	1	受傷時使用
5	文具（白紙及筆）		套	1	規劃製作順序用
6	飲用水		瓶	自訂	應檢人自行飲用
7	西式刀具組		組	1	參考試題備用
8	西式餐具組	湯匙、叉子	支	各 1	試味道用

 西餐烹調丙級技術士技能檢定術科測試檢定參考資料

一、 試題編號：14000-910301~3

二、 檢定時間：每題測試時間 4 小時，含測試後清理時間十五分鐘

三、 評分標準

（一）菜餚

　　1. 應檢人應於規定時間內完成成品各二人份供評分。

　　2. 每道菜餚均限一次完成，不得重做，違者不予計分。

　　3. 菜餚評分依據項目：4 道菜，每道菜個別以 25 分計分，術科成績滿分為 100 分。累計達 60 分者為及格（單項未達 10 分（含）者為不及格）。

　　　(1) 準備工作（5 分）：含取材（1 分）、取量（2 分）、刀工（2 分）。

　　　(2) 烹調（10 分）。

　　　(3) 觀感（5 分）。

　　　(4) 味道、口感（5 分）。

（二）衛生：衛生安全項目評分標準合計 100 分，未達 60 分者，總成績以不及格計。

	監評內容	說明	扣分標準
一般規定 (A)	1. 未著工作服進入考場區。		41 分
	2. 入考場後，除不可拆除之手鐲、戒指，未全程配戴乳膠手套者。有手錶、化妝、配戴飾物、蓄留指甲、塗抹指甲油等情事者。		41 分
	3. 有吸菸、嚼檳榔、隨地吐痰、擤鼻涕等情形者。		41 分
	4. 測試時，罹有上呼吸道感染疾病及感冒者，但未著口罩者（口罩僅需將口部覆蓋）。		41 分
	5. 如廁前，未將帽子、圍裙摘除；如廁後，未洗手者。		41 分
	6. 除礦泉水、包裝飲用水及白開水外，帶有其他任何食物情形者。		41 分
	7. 手部有受傷，未經適當傷口處理包紮，且未全程配戴乳膠手套者。	乳膠手套應每 30 分鐘更新	41 分
	8. 其他未及備載之違反衛生安全事項。	評審應註明扣分原因	10 分
驗收 (B)	1. 食材未驗收數量及品質者。		10 分
	2. 其他未及備載之違反衛生安全事項。		10 分
消毒 (C)	1. 處理熟食時未以 70~75% 酒精消毒手部及砧板、刀具者（砧板、刀具、抹布亦可以其他有效殺菌法進行消毒殺菌）。		30 分
	2. 其他未及備載之違反衛生安全事項。		10 分
洗滌 (D)	1. 洗滌餐具時，未依下列先後處理順序者：餐具→鍋具→刀具→砧板→抹布。		30 分
	2. 擦拭餐具有汙染情事者。		30 分
	3. 食材未經洗淨直接烹調者。		30 分
	4. 洗滌各類食材時，地上遺有前一類之食材殘渣或水漬者。		10 分
	5. 將非屬食物類或烹調用具、容器置於工作檯上者（例如：洗潔劑、衣物等）。		10 分
	6. 將垃圾袋置於水槽內者。		30 分
	7. 食材未徹底洗淨者：鰓、內臟未清除乾淨者；鱗、蝦腸泥殘留者；毛、根、皮殘留者；其他異物者。		20 分
	8. 洗滌工作未於 30 分鐘內完成者（如工作場所有良好冷藏設施，且洗滌時有良好之隔離措施者，可不受此限制）。		20 分

	監評內容	說明	扣分標準
	9. 洗滌期間進行烹調情事，未有銀好隔離措施者。		10 分
	10. 以鹽水洗滌海產類，致有腸炎弧菌滋生之虞者。		20 分
	11. 其他未及備載之違反衛生安全事項。		10 分
切割 (E)	1. 洗滌妥當之食物，未分類置於盛物盤或容器內者。		30 分
	2. 切割食物，未依砧板顏色使用原則切割食物。（白色：即時熟食、藍色：海鮮、紅色：肉類、綠色：蔬菜）		20 分
	3. 切割妥當之食材，未分類置於盛物盤或容器內者		30 分
	4. 每一切割過程後，未將砧板、刀具、抹布及手徹底洗淨者。		20 分
	5. 蛋之處理程序未依下列順序處理者：洗滌好之蛋→用手持蛋→敲於乾淨硬器上→撥開蛋殼→將蛋放入容器內→檢視蛋有無腐壞→烹飪處理。		20 分
	6. 其他未及備載之違反衛生安全事項。		10 分
調理、加工、烹飪 (F)	1. 烹調用油達發煙點，且發煙情形持續者。		30 分
	2. 食物未全熟，有外熟內生情形者（紅肉除外）。		30 分
	3. 切割熟食者，未戴衛生手套者。		30 分
	4. 殺菁後之蔬果類，如需直接食用，未使用經減菌處理過之冷水冷卻者（需再經烹煮始食用者，可以自來水冷卻）。		30 分
	5. 生鮮盤飾、沙拉菜食材未經減菌處理及未戴衛生手套者。		30 分
	6. 切割生、熟食，砧板使用有交互汙染之虞者。若砧板為四塊塑膠質，則白色者切熟食、綠色者切蔬果、紅色者切肉類、藍色者切魚貝類。		30 分
	7. 成品，涼拌菜餚，未有良好防護措施致遭汙染者。		30 分
	8. 抹布未經常清洗者。		30 分
	9. 製作完成之菜餚重疊放置者。		20 分
	10. 成品菜餚中有異物者。		30 分
	11. 烹飪時著火（如：flambe 菜餚除外）或乾鍋（如：onion brulee 除外）者。		30 分
	12. 烹調加熱時以抹布擦拭吸乾鍋內水分者。		30 分
	13. 以烹調用具就口品嚐食物者。		30 分

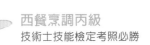
	監評內容	說明	扣分標準
	14. 食物（即食、冷食食品）掉落在工作檯或地上未經處理直接放入鍋、盤繼續烹調裝盤者。		30 分
	15. 其他未及備載之違反衛生安全事項。		10 分
盤飾 (G)	1. 以非食品做為盤飾者。		30 分
	2. 其他未及備載之違反衛生安全事項。		10 分
清理 (H)	1. 工作結束後，未徹底將工作檯、水槽、爐檯、器具、設備及工作環境清理乾淨者。		30 分
	2. 拖把置於清洗食物之水槽內清洗者。		30 分
	3. 垃圾未攜至指定地點堆放者（如有分類規定，應依規定辦理）。		30 分
	4. 其他未及備載之違反衛生安全事項。		10 分
其他 (I)	1. 以衣物擦拭汗水者。		20 分
	2. 打噴嚏或擤鼻涕時，未先備妥紙巾，再向後轉將噴嚏打入紙巾內，再將手洗淨者。		30 分
	3. 每做不同之下一個動作前，未將手洗淨者。		30 分
	4. 工作衣帽未保持整潔者。		10 分
	5. 地上除垃圾桶及附蓋置菜盒外，置有其他物品者。		30 分
	6. 地面濕滑者。		10 分
	7. 使用塑膠（如保利龍）免洗餐具者。		30 分
	8. 其他未及備載之違反衛生安全事項	評審應註明扣分原因	10 分

四、考場檢定設備及器具表（含共用及個人份量）

項目	名稱	規格	單位	數量	備註
1	工作檯 Bench	附水槽、調理檯、爐檯、排水設施（水槽、調理檯、爐檯須連在一起）	座	1×12	1. 附水龍頭（工作檯須有 3.6 平方公尺以上可與下面架子合併計算但僅以一層）。 2. 水槽長 60 公分寬 50 公分以上。 3. 每人活動空間 8.5 平方公尺以上（包括工作檯面、水槽、爐檯及周圍空間）。 4. 工作檯面不低於 80cm×180 cm。
2	抽油煙機 Range hood	配合爐檯的大小，各邊大出爐檯 20 公分，具有防爆燈	台	1×12	通風良好，抽油煙機馬力須足夠將油煙吸出考場外（需運轉正常，在抽油煙罩下 45 公分處測抽油煙效果，能確實將油煙抽出，油煙應有適當處理方可排出）且不會產生太大噪音。
3	瓦斯爐，西式平口爐 Gas range with 4 Burners	至少四口以上	台	1×12	附瓦斯及安全裝置（如安全閥、瓦斯漏氣警報裝置，須達到 16000 BTU）
4	烤箱 Oven	一般用普通爐	台	1×12	附瓦斯及安全裝置（如安全閥、瓦斯漏氣警報裝置），內部尺寸，寬 60cm× 深 65cm× 高 33cm 以上
5	明火烤爐 Salamender		台	3	4 人共用 1 台
6	油炸鍋（桌上型） Deep fryer-Table top		台	6	2 人共用 1 台
7	急救箱	需具備器材藥劑	個	1	共用
8	冰箱	業務用立式冷藏冰箱	門	12	1 人 1 門
		或工作檯冷藏冰箱	門	12	1 人 1 門

項目	名稱	規格	單位	數量	備註
9	量杯 Measuring cup	1 公升	個	1×12	
10	洗手檯 Sink	不鏽鋼或陶瓷製	只	2	含擦手紙及洗手精，兩只間相隔 1 公尺以上（共用）
11	油脂截流設備 Grease trap	符合環保規格	組	1	3 道過濾
12	監評工作服 Judge uniform	特大、大、中、小號尺寸，白色	套	4	依每場監評人數酌加
13	平底炒鍋 Sautee pan	20cm、25cm，±2cm	個	各 1×12	鍋底計，以不銹鋼材質為宜
14	平底鍋 Fry pan	12cm(Omelet pan)、16cm，±2cm	個	各 1×12	鍋底計，以生鐵材質為宜
15	調味醬煮鍋 Sauce pot	16cm、18cm、20cm、24cm，±2cm	個	各 1×12	鍋底計，以不銹鋼材質為宜
16	高湯鍋 Stock pot	28cm，±2cm	個	1×12	鍋底計，以不銹鋼材質為宜
17	燴鍋（加蓋） Braising pot with cover	28cm，±2cm	個	1×12	鍋底計，以不銹鋼材質為宜
18	沙司盅調味醬盅 Sauce bowl		個	4×12	
19	混合盆（鋼盆） Mixing bowl	上圍口直徑 30cm，±2cm	個	6×12	
20	打蛋器 Whisk		支	1×12	
21	木杓 Wooden poon		支	2×12	
22	GN 1/1 小烤盤 Baking tray	長 53cm× 寬 32cm（長，寬 ±5cm）	個	2×12	
23	GN 2/1 大烤盤 Baking tray	長 65cm× 寬 53cm（長、寬 ±10cm）	個	1×12	
24	煎鏟 Spatula		支	1×12	
25	夾子 Kitchen tong		支	1×12	

項目	名稱	規格	單位	數量	備註
26	撇渣器 Skimmer		支	1×12	
27	湯杓 Soup ladle		支	1×12	
28	小湯匙 Soup spoon		支	4×12	
29	三角濾網 Strainer		支	2×12	
30	果汁機 Juice blender		台	1×12	
31	塑膠置菜箱附蓋 Plastic container/cover	長 58cm× 寬 39cm×高 12cm，±2cm	個	24	放置試題材料用
32	製冰機 Ice machine	容量 15 公斤以上，日產量 30 公斤以上	部	1	共用
33	砧板 Chopping board with rack	長 45cm× 寬 30cm×高 2cm（長、寬±2cm）	塊	4×12	白、綠、紅、藍各一塊或標示顏色，附板架
34	不鏽鋼置物盤 Stainless tray	長 45cm× 寬 30cm×高 2cm（長、寬±5cm）	個	4×12及材料	置物盤主要功能為能放置應檢人刀具（其中一個）
35	保鮮盒 Fresh keeping box	長 15cm× 寬 15cm×高 8cm，±2cm	個	10×12	
36	保鮮膜 Plastic wrap		卷	1×12	大小、型式不限
37	鋁箔紙 Aluminium foil		卷	1×12	大小、型式不限
38	刮刀（橡皮） Rubber spatula		支	1×12	
39	隔熱手套 Oven gloves		雙	1×12	大小、型式不限
40	油紙 Wax paper		張	5×12	
41	拍肉器 Meat mallet		把	1×12	

項目	名稱	規格	單位	數量	備註
42	肉叉 Meat fork		支	1×12	
43	過濾布 Cheese cloth	50cm×50cm，±2cm	張	1×12	
44	布丁模 Pudding mold		個	4×12	
45	綿線 Cotton string	2m	條	1×12	
46	派盤 Pie pan		個	2×12	秤材料用，共用
47	塔模 Tart mold	底直徑5cm、口徑7.5、高4cm，±1cm	個	4×12	
48	篩網 Sieve		個	1×12	
49	麵疙瘩網 Spaetzle sieve	網洞需平整	個	1×12	不鏽鋼製
50	烤麵包機 Toaster		台	1×12	
51	長條布丁模	7cm×20cm，±2cm	個	1×12	
52	湯碗附底盤 Soup cup with saucer	雙耳	個	4×12	
53	湯盤附底盤 Soup plate with saucer		個	4×12	
54	沙拉盤 Salad plate	27cm，±1cm	個	4×12	
55	主餐盤 Dinner plate	29cm，±1cm	個	4×12	
56	點心盤 Dessert plate	27cm，±1cm	個	4×12	
57	雞尾酒杯附底盤 Cocktail glass with saucer		個	4×12	
58	磅秤	3公斤以上	個	1	秤材料用，共用
59	磅秤	1公斤	個	1×12	秤材料用

項目	名稱	規格	單位	數量	備註
60	量杯 Measuring cup	240c.c.	個	1×12	
61	量匙 Measuring spoon	1T、1t、1/2t、1/4t 為 1 組	組	1×12	不鏽鋼製
62	開瓶器 Corkscrew		支	1×1	
63	調味料用罐 Seasoning container	盛調味用品，大小相同，五個 1 組	組	1×12	
64	刷子 Brush	棕刷或不鏽鋼刷、刷鍋用	個	1×12	
65	菜瓜布 Scouring sponge		塊	1×12	
66	叉子 Fork	不鏽鋼製、西餐用	把	1×12	
67	牙籤 Tooth pick	木製或竹製	支	5×12	
68	洗碗精 Detergent		罐	1×12	
69	麵粉篩 Flour sieve	80 篩目	個	1×12	
70	點火槍 Electronic igniter		支	1×12	
71	藍色抹布 Kitchen cloth(Blue color)		條	1×12	擦拭瓦斯爐檯用
72	白色抹布 Kitchen cloth(White color)		條	1×12	擦拭工作檯用
73	垃圾桶 Garbage bin		個	1×12	
74	開罐器 Can opener		支	1	共用

項目	名稱	規格	單位	數量	備註
75	藥用酒精附噴器 Ethanol with sprayer	300ml，±50ml	罐	12	共用
76	包裝飲用水	5 公升以上	箱	1x12	生食材料減菌用
77	洗菜過濾網盆 Sieve		套	2x12	塑膠或不鏽鋼材質

五、個人檢定工具表

項目	名稱	規格	單位	數量	備註
1	平底炒鍋 Sautee Pan	20cm、25cm，±2cm	個	各 1	鍋底計，以不鏽鋼材質為宜
2	平底鍋 Fry pan	12cm(Omelet pan)、16cm，±2cm	個	各 1	鍋底計，以生鐵材質為宜
3	調味醬煮鍋 Sauce pot	16cm、18cm、20cm、24cm，±2cm	個	各 1	鍋底計，以不鏽鋼材質為宜
4	高湯鍋 Stock pot	28cm，±2cm	個	1	鍋底計，以不鏽鋼材質為宜
5	混合盆（鋼盆） Mixing bowl	上圍口直徑 30cm，±2cm	個	6	
6	燴鍋（加蓋） Braising pot withcover	28cm，±2cm	個	1	鍋底計，以不鏽鋼材質為宜
7	調味醬盅 Sauce bowl		個	4	
8	打蛋器 Whisk		支	1	
9	木杓 Wooden poon		支	2	
10	GN 1/1 小烤盤 Baking tray	長 53cm× 寬 32cm（長、寬 ±5cm）	個	2	
11	GN 2/1 大烤盤 Baking tray	長 65cm× 寬 53cm（長、寬 ±10cm）	個	1	
12	煎鏟 Spatula		支	1	
13	夾子 Kitchen tong		支	1	

項目	名稱	規格	單位	數量	備註
14	撇渣器 Skimmer		支	1	
15	湯杓 Soup ladle		支	1	
16	小湯匙 Soup spoon		支	4	
17	三角濾網 Strainer		支	2	
18	果汁機 Juice blender		台	1	
19	砧板 Chopping board with rack	長 45cm× 寬 30cm× 高 2cm（長、寬 ±2cm）	塊	4	白、綠、紅、藍各一塊或標示顏色，附板架
20	內鍋 G.N. pan	長 45cm× 寬 30cm× 高 2cm（長、寬 ±2cm）	個	4	
21	保鮮盒 Fresh keeping box	長 15cm× 寬 15cm× 高 8cm，±2cm	個	10	
22	保鮮膜 Plastic wrap		卷	1	
23	鋁箔紙 Aluminium foil		卷	1	
24	橡皮刮刀 Ruber spatula		支	1	
25	隔熱手套 Oven gloves		雙	1	
26	油紙 Wax paper		張	5	
27	拍肉器 Meat mallet		把	1	
28	肉叉 Meat fork		支	1	
29	過濾布 Cheese cloth	50cm×50cm，±2cm	張	1	
30	布丁模 Custard mold		個	4	
31	棉線 Cotton string	2m	條	1	

項目	名稱	規格	單位	數量	備註
32	派盤 Pie pan		個	2	秤材料用，共用
33	塔模 Tart mold	底直徑約 5cm、口徑約 7.5cm、高約 4cm	個	4	秤材料用
34	篩網 Sieve		個	1	
35	麵疙瘩網 Spaetzle strainer	網洞需平整	個	1	不鏽鋼製
36	烤麵包機 Toaster		台	1	
37	長條布丁模	7cm×20cm，±2cm	個	1	
38	湯碗附底盤 Soup cup with saucer	雙耳	個	4	
39	湯盤附底盤 Soup plate with saucer		個	4	
40	沙拉盤 Salad plate	27cm，±1cm	個	4	
41	主餐盤 Dinner plate	29cm，±1cm	個	4	
42	點心盤 Dessert plate	27cm，±1cm	個	4	
43	雞尾酒杯附底盤 Cocktail glass with saucer		個	4	
44	磅秤	1 公斤	個	1	秤材料用，共用
45	量杯 Measuring cup	1 公升	個	1	
46	量杯 Measuring cup	240c.c.	個	1	
47	量匙 Measuring spoon	1T 1t 1/2t 1/4t 為 1 組	組	1	不鏽鋼製
48	藥用酒精附噴器 Ethanol with sprayer	300ml，±50ml	罐	1	
49	調味料用罐 Seasoning bowl	盛調味用品，大小相同，五個 1 組	組	1	

項目	名稱	規格	單位	數量	備註
50	刷子 Brush	棕刷或不鏽鋼刷	個	1	刷鍋用
51	叉子 Fork	不鏽鋼製，西餐用	把	1	
52	牙籤 Tooth pick	木製或竹製	支	5	
53	麵粉篩 Flour sieve	80 篩目	個	1	
54	洗碗精 Detergent		罐	1	
55	菜瓜布 Scouring sponge		塊	1	
56	藍色抹布 Kitchen cloth(Blue color)		條	1	擦拭瓦斯爐檯用
57	白色抹布 Kitchen cloth(White color)		條	1	擦拭工作檯用
58	白毛巾 Kitchen towel		條	1	
59	點火槍 Electronic igniter		支	1	
60	垃圾桶 Garbage bin		個	1	
61	包裝飲用水	5 公升以上	箱	1	生食材料減菌用
62	洗菜過濾網盆 Sieve	塑膠或不鏽鋼材質	套	2	
63	焗皿	容量約 500ml 以上	個	1	瓷器材質

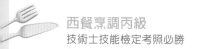

六、應檢人服裝圖示 (KITCHEN UNIFORM FOR MEN & WOMEN)

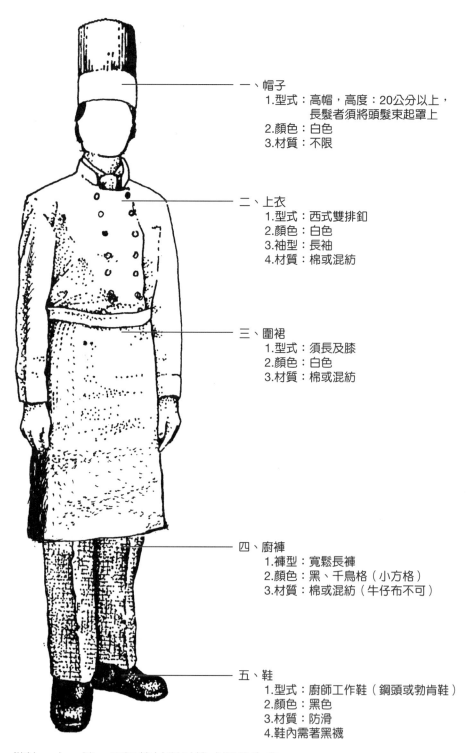

一、帽子
　1.型式：高帽，高度：20公分以上，
　　　　　長髮者須將頭髮束起罩上
　2.顏色：白色
　3.材質：不限

二、上衣
　1.型式：西式雙排釦
　2.顏色：白色
　3.袖型：長袖
　4.材質：棉或混紡

三、圍裙
　1.型式：須長及膝
　2.顏色：白色
　3.材質：棉或混紡

四、廚褲
　1.褲型：寬鬆長褲
　2.顏色：黑、千鳥格（小方格）
　3.材質：棉或混紡（牛仔布不可）

五、鞋
　1.型式：廚師工作鞋（鋼頭或勃肯鞋）
　2.顏色：黑色
　3.材質：防滑
　4.鞋內需著黑襪

備註：衣、褲、圍裙等材質以棉或混紡為宜。

肆 西餐烹調丙級技術士技能檢定術科試題

一、組合菜單

試題編號：14000-910301

1. 煎法國吐司　French toast

2. 火腿乳酪恩利蛋　Ham and cheese omelette

3. 蒔蘿黃瓜沙拉　Dill cucumber salad

4. 鮪魚沙拉三明治　Tuna fish salad sandwich

5. 美式華爾道夫沙拉　Waldorf salad American style

6. 鮮蝦盅附考克醬　Shrimp cocktail with cocktail sauce

7. 薄片牛排三明治附高麗菜沙拉　Minute steak sandwich with cabbage salad

8. 匈牙利牛肉湯　Hungarian goulash soup

9. 雞骨肉汁（0.5 公升）　Chicken gravy(0.5λ)

10. 青豆仁漿湯附麵包丁　Puree of green pea soup with croutons

11. 蔬菜絲清湯　Clear vegetable soup with julienne

12. 雞肉清湯附蔬菜小丁　Chicken consommé with vegetable "brunoise"

13. 奶油洋菇鱸魚排附香芹馬鈴薯　Fillet of seabass bonne femme style with parsley potatoes

14. 煎帶骨豬排附褐色洋菇醬汁　Pork chop in brown mushroom sauce with turned carrots

15. 義大利肉醬麵　Spaghetti bolonaise

16. 紅酒燴牛肉附奶油雞蛋麵　Beef stew in red wine with buttered egg noodle

17. 佛羅倫斯雞胸附青豆飯　Chicken breast Florentine style with risi bisi

18. 沙巴翁焗水果　Seasonal fresh fruit gratinated with sabayon

19. 巧克力慕思　Chocolate mousse

20. 香草餡奶油泡芙　Cream puff with vanilla custard filling

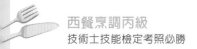
試題編號：14000-910302

1. 炒蛋附脆培根及番茄　Scrambled egg garnished with crispy bacon and tomato

2. 煎烤火腿乳酪三明治　Griddled ham and cheese sandwich

3. 蛋黃醬通心麵沙拉　Macaroni salad with mayonnaise

4. 德式熱馬鈴薯沙拉　Warmed German potato salad

5. 主廚沙拉附油醋汁　Chef's salad served with vinaigrette

6. 翠綠沙拉附藍紋乳酪醬　Green salad served with blue cheese dressing

7. 尼耍斯沙拉　Nicoise salad

8. 蒜苗馬鈴薯冷湯　Vichyssoise(potato and leek chilled soup)

9. 奶油青花菜濃湯　Cream of broccoli soup

10. 蔬菜絲雞清湯　Chicken consommé a la julienne

11. 奶油洋菇濃湯　Cream of mushroom soup

12. 蘇格蘭羊肉湯　Scotch broth

13. 煎豬排附燜紫高麗菜　Pan fried pork loin with braised red cabbage

14. 乳酪奶油焗鱸魚排附水煮馬鈴薯　Seabass fillet a la mornay with boiled potatoes

15. 原汁烤全雞附煎烤馬鈴薯　Roasted chicken au jus with potato cocotte

16. 匈牙利燴牛肉附奶油飯　Hungarian Goulash with pilaf rice

17. 白酒燴雞附瑞士麵疙瘩　Chicken fricasseé with spaetzle

18. 焦糖布丁　Crème caramel

19. 烤蘋果奶酥　Apple crumble

20. 炸蘋果圈　Apple fritters

試題編號：14000-910303

1. 煎恩利蛋　Plain omelette

2. 炒蛋附炒洋菇片　Scrambled egg with sautéed sliced mushroom

3. 西班牙恩利蛋　Spanish Omelette

4. 早餐煎餅　Pancake

5. 翠綠沙拉附法式沙拉醬　Green salad with French dressing

6. 高麗菜絲沙拉　Cole slaw

7. 總匯三明治附炸薯條　Club sandwich with French fries

8. 培根、萵苣、番茄三明治　Bacon, lettuce and tomato sandwich

9. 海鮮沙拉附油醋汁　Seafood salad with vinaigrette

10. 義大利蔬菜湯　Minestrone

11. 蔬菜片湯　Paysanne soup

12. 曼哈頓蛤蜊巧達湯　Manhattan clam chowder

13. 奶油玉米濃湯　Cream of corn soup

14. 法式焗洋蔥湯　French onion soup au gratin

15. 藍帶豬排附炸圓柱形馬鈴薯泥　Pork Cordon Bleu with potato croquettes

16. 煎鱸魚排附奶油馬鈴薯　Seabass fillet meuniere with buttered potatoes

17. 義式海鮮飯　Seafood risotto

18. 炸麵糊鮭魚條附塔塔醬　Salmon Orly with tartar sauce

19. 羅宋炒牛肉附菠菜麵疙瘩　Sauteed beef stroganoff with spinach spaetzle

20. 英式米布丁附香草醬　Rice pudding English style with vanilla sauce

二、檢定材料表

試題編號：14000-910301

項目	名稱	項目	名稱
1	大黃瓜 (cucumber)	27	乳酪片 (sliced cheese)
2	巴美乳酪 (parmesan cheese)	28	法式芥末醬 (Dijon mustard)
3	月桂葉 (bay leaf)	29	油漬鮪魚罐頭 (canned tuna fish)
4	木瓜 (papaya)，約 500g ／個	30	青豆仁 (green pea)
5	牛奶 (milk)	31	青蒜苗 (leek)
6	牛骨肉汁 (beef gravy)	32	洋火腿 (ham)
7	牛骨高湯 (beef stock)	33	洋菇 (button mushroom)
8	牛絞肉 (minced beef)	34	洋蔥 (onion)
9	牛腩 (beef brisket)	35	洋蔥 (onion)，約 250g ／個
10	牛臀肉 (beef rump)	36	洗選蛋 (egg)，約 50g ／個
11	奶油 (butter)	37	紅甜椒粉 (paprika)
12	巧克力磚 (dark chocolate)	38	紅葡萄酒 (red wine)
13	玉米粉 (corn starch)	39	紅蔥頭 (shallot)
14	白米 (rice)	40	胡桃仁 (walnut)
15	白砂糖 (sugar)	41	胡蘿蔔 (carrot)，約 250g ／條
16	白胡椒粉 (white pepper poweder)	42	香芹 (parsley)
17	白胡椒粒 (white pepper corn)	43	香草精或香草粉 (vanilla)
18	白葡萄酒 (white wine)	44	香蕉 (banana)，約 250g ／個
19	光雞 (whole chicken)，約 2kg ／隻	45	桔子甜酒 (grand marnier)
20	冰塊 (ice cube)	46	草蝦 (shrimp)，30 尾／ 1kg
21	匈牙利紅辣椒粉 (paprika)	47	迷迭香 (rosemary)
22	吐司麵包 (white bread)，約 60g ／片	48	馬鈴薯 (potato)
23	百里香 (thyme)	49	高筋麵粉 (bread flour)
24	肉桂粉 (cinnamon powder)	50	高麗菜 (cabbage)
25	西芹菜 (celery)	51	培根 (bacon)
26	沙拉油 (salad oil)	52	帶骨豬排 (pork chop)，約 440g ／塊

項目	名稱	項目	名稱
53	梨 (pear)，約 250g ／個	72	蒔蘿草 (dill)，乾
54	蛋黃醬 (mayonnaise)	73	橄欖油 (olive oil)
55	結球萵苣 (iceberg lettuce)，約 250g ／顆	74	糖粉 (powdered sugar)
56	菠菜 (spinach)	75	番茄 (tomato)，約 250g ／個
57	菲力牛排 (beef tenderloin)	76	番茄糊 (tomato paste)
58	黑胡椒粉 (black pepper powder)	77	番茄醬 (ketchup)
59	黑胡椒粒 (black pepper corns)	78	鮮奶油 (cream U.H.T.)
60	奧力岡 (oregano)	79	檸檬 (lemon)，約 100g ／粒
61	義大利麵條 (spaghetti)	80	雞骨 (chicken bone)
62	葛利亞乳酪 (gruyere cheese)	81	雞高湯 (chicken stock)
63	葛縷子 (caraway seed)	82	雞蛋 (egg)，約 50g ／個，洗選蛋
64	葡萄乾 (raisins)	83	雞蛋麵 (egg noodle)
65	蜂蜜 (honey)	84	蘋果 (apple)，約 250g ／個
66	蒜苗 (leek)	85	麵粉 (flour)
67	蒜頭 (garlic)	86	蘭姆酒 (rum)
68	辣根醬 (horseradish)	87	罐頭番茄粒 (canned whole tomato)
69	辣醬油 (worcestershire sauce)	88	鹽 (salt)
70	酸奶油 (sour cream)	89	鱸魚 (seabass)，約 800g ／條
71	酸黃瓜 (pickle)		

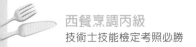
試題編號：14000-910302

項目	名稱	項目	名稱
1	小黃瓜 (baby cucumber)	29	油炸油 (fry oil)
2	小薏仁 (barley)	30	油漬鮪魚罐 (canned tuna fish)
3	切達起司 (cheddar cheese)	31	青花菜 (broccoli)
4	巴美乳酪粉 (parmesan cheese)	32	青椒 (green pepper)
5	月桂葉 (bay leaf)	33	青蒜苗 (leek)
6	牛奶 (milk)	34	洋火腿 (ham)，約 100g ／片
7	牛骨肉汁 (gravy)	35	洋菇 (button mushroom)
8	牛腩 (beef brisket)	36	洋蔥 (onion)，約 250g ／個
9	四季豆 (green bean)	37	洗選蛋 (egg)，約 50g ／個
10	奶油 (butter)	38	紅甜椒 (red pepper)
11	奶粉 (milk powder)	39	紅葡萄酒 (red wine)
12	白吐司麵包 (white bread)	40	紅番茄 (tomato)
13	白砂糖 (sugar)	41	胡椒牛肉 (pastrami) 或 烤牛肉 (roasted beef)
14	白胡椒粉 (white pepper powder)	42	胡蘿蔔 (carrot)
15	白酒醋 (white wine vinegar)	43	香芹 (parsley)
16	白葡萄酒 (white wine)	44	香草精或香草粉 (vanilla)
17	白蘿蔔 (turnip)	45	迷迭香 (rosemary)
18	光雞 (whole chicken)，約 2kg ／隻	46	馬鈴薯 (potato)，約 250g ／個
19	冰塊 (ice cube)	47	高筋麵粉 (bread flour)
20	匈牙利紅椒粉 (paprika)	48	高麗菜 (cabbage)
21		49	培根 (bacon)
22	百里香 (thyme)	50	蛋黃醬 (mayonnaise)
23	米 (rice)	51	通心麵 (macaroni)
24	羊腿肉 (lamb leg)	52	荳蔻粉 (nutmeg)
25	肉桂粉 (cinnamon powder)	53	棉線 (string)
26	西芹菜 (celery)	54	結球萵苣 (iceberg lettuce)
27	沙拉油 (salad oil)	55	紫高麗菜 (red cabbage)
28	法式芥末醬 (Dijon mustard)	56	黑胡椒粉 (black pepper powder)

項目	名稱	項目	名稱
57	黑橄欖 (black olive)	71	藍乳酪 (blue cheese)
58	葛利亞乳酪 (gruyere cheese)	72	雞肉 (chicken meat)
59	葛縷子 (caraway seeds)	73	雞胸肉 (chicken breast)
60	葡萄乾 (raisin)	74	雞高湯 (chicken stock)
61	蒜頭 (garlic)	75	雞蛋 (egg)，約 50g ／個，洗選蛋
62	酸奶油 (sour cream)	76	發粉 (baking powder)
63	酸豆 (caper)	77	蘋果 (apple)，約 250g ／個
64	蝦夷蔥或青蔥 (chive or scalloin)	78	麵粉 (flour)
65	豬里脊（肌）(pork loin)	79	鯷魚 (anchovy)
66	橄欖油 (olive oil)	80	櫻桃酒 (kirsch)
67	糖霜 (icing sugar)	81	蘿蔓萵苣 (romaine lettuce)
68	番茄糊 (tomato paste)	82	鹽 (salt)
69	鮮奶油 (cream U.H.T.)	83	鱸魚 (seabass)，約 800g ／條
70	檸檬 (lemon)，100g ／個		

試題編號：14000-910303

項目	名稱	項目	名稱
1	九層塔 (basil)	14	白胡椒粉 (white pepper powder)
2	小黃瓜 (baby cucumber)	15	白酒醋 (white wine vinegar)
3	切達乳酪片 (sliced cheddar cheese)	16	白葡萄酒 (white wine)
4	巴美乳酪粉 (parmesan cheese)	17	白蘿蔔 (turnip)
5	月桂葉 (bay leaf)	18	吐司麵包 (white bread)
6	牙籤 (toothpick)	19	百里香 (thyme)
7	牛奶 (milk)	20	米 (rice)
8	牛骨肉汁 (beef gravy)	21	西芹菜 (celery)
9	牛高湯 (beef stock)	22	低筋麵粉 (cake flour)
10	牛臀肉 (beef rump)	23	冷凍生干貝 (scallop)
11	奶油 (butter)	24	冷凍馬鈴薯條 (French fries)
12	玉米醬 (corn puree)	25	沙拉油 (salad oil)
13	白砂糖 (sugar)	26	法式芥末醬 (Dijon mustard)

項目	名稱	項目	名稱
27	法國麵包 (French bread)	55	黑胡椒粉 (black pepper power)
28	油炸油 (shortening)	56	黑橄欖 (black olive)
29	花枝 (squid)	57	奧力岡 (oregano)
30	青椒 (green pepper)	58	楓糖漿 (maple syrup)
31	青蒜苗 (leek)	59	葛利亞乳酪 (gruyere cheese)
32	洋火腿 (ham)	60	蒜頭 (garlic)
33	洋菇 (button mushroom)	61	辣椒汁 (tabasco)
34	洋蔥 (onion)，約 250g ／個	62	辣醬油 (worcestershire sauce)
35	洗選蛋 (egg)，約 50g ／個	63	酸奶油 (sour cream)
36	砂糖 (sugar)	64	酸豆 (caper)
37	紅蔥頭 (shallot)	65	酸黃瓜 (pickle)
38	紅番茄 (tomato)，約 250g ／個	66	豬里脊（肌）(pork loin)
39	胡蘿蔔 (carrot)，約 250g ／個	67	橄欖油 (olive oil)
40	香芹 (parsley)	68	番茄 (tomato)，約 250g ／個
41	香草精或香草粉 (vanilla)	69	番茄糊 (tomato paste)
42	草蝦 (shrimp)，24 尾／ 1kg	70	鮮奶油 (cream U.I.I.T.)
43	馬鈴薯 (potato)，約 250g ／個	71	鮭魚 (salmon)
44	高筋麵粉 (bread flour)	72	檸檬 (lemon)，約 100g ／個
45	高麗菜 (cabbage)	73	雞胸肉 (chicken breast)
46	培根 (bacon)	74	雞高湯 (chicken stock)
47	蛋黃醬 (mayonnaise)	75	雞蛋 (egg)，約 50g ／個，洗選蛋
48	通心麵 (macaroni)	76	發粉 (baking powder)
49	魚高湯 (fish stock)	77	麵包粉 (bread crumb)
50	荳蔻粉 (nutmeg)	78	麵粉 (flour)
51	結球萵苣 (iceberg lettuce)	79	蘿蔓萵苣 (romaine lettuce)
52	菠菜 (spinach)	80	鹽 (salt)
53	蛤蜊 (clam)	81	鱸魚 (seabass)，約 800g ／條
54	貽貝（淡菜）(mussel)		

評分分級表

1. 4 道菜，每道菜個別計分，各以 25 分為滿分，4 道菜總分未達 60 分者不及格（單項未達 10 分（含）者為不及格）。

2. 材料的選用與作法，必須切合題意。

3. 做法錯誤的菜餚在準備工作（取材、取量、刀工）、烹調技巧、觀感、味道口感扣分。

4. 準備工作包括取材、取量及刀工。烹調包含加熱、冷卻、冷藏。觀感包含排盤及配菜。

5. 評分參考：

	很差	差	及格	好	很好
滿分分數 10	2	4	6	8	10
滿分分數 5	1	2	3	4	5

6. 未完成者或重做者不予計分。

 西餐烹調丙級技術士技能檢定術科測試抽題紀錄表

（本表格請辦理單位自行列印）

測試前 3 天抽出兩組別後填寫				測試當天抽題後填寫		
電子抽籤日期	測試日期	大題	組別（每張表只填寫 1 組）	抽籤人員簽名	勾選場次	應檢人代表簽名
年　月　日	年　月　日				□ 08：30 場次 □ 13：30 場次	

備註：

1. 術科測試辦理單位應依本試題之抽題規定，於檢定測試前 3 天內抽出兩組別後，填寫本紀錄表（分 2 張填寫），再分別放入 2 個不透光之牛皮信封袋簽名彌封。每個信封各放一張抽出組別之紀錄表，信封封面註記職類名稱及檢定測試日期以免誤認。

2. 本紀錄表於測試當日由應檢人代表抽出並公開後，再由應檢人代表勾選場次及簽名。

3. 本表須存檔二年以上，備查。

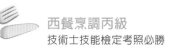

柒 西餐烹調丙級技術士技能檢定術科測試辦理單位時間配當表

每一檢定場,每日排定測試場次為上、下午各乙場;程序表如下:

時間	內容	備註
07:30~08:00	1. 監評前協調會議(含監評檢查機具設備) 2. 上午場應檢人報到完成。	
08:00~08:30	1. 應檢人代表抽題(彌封之信封)。 2. 場地設備及供料、自備機具及材料等作業說明。 3. 測試應注意事項說明。 4. 應檢人試題疑義說明。 5. 應檢人檢查設備及材料。 6. 其他事項。	應檢人代表會同監評長公開抽題,未到場者或遲到者不得有異議。
08:30~12:30	上午場測試	四小時
12:30~13:00	1. 監評人員進行成品評審。 2. 下午場應檢人報到完成。 3. 監評人員休息用膳時間。	
13:00~13:30	1. 應檢人代表抽題(彌封之信封)。 2. 場地設備及供料、自備機具及材料等作業說明。 3. 測試應注意事項說明。 　應檢人試題疑義說明。 　應檢人檢查設備及材料。 　其他事項。	應檢人代表會同監評長公開抽題,未到場者或遲到者不得有異議。
13:30~17:30	下午場測試	四小時
17:30~18:00	監評人員進行成品評審	
18:00~18:30	檢討會(監評人員及術科測試辦理位單視需要召開)	

Western Culinary

PART

基礎西餐
烹調概念

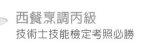
 壹　材料介紹

🌿 辛香料 Drive herb &spice

百里香葉 Thyme Leaves

凱莉茴香子 Carway Seed

迷迭香葉 Rosemary Leaves

皮薩草 Oregano Leaves
（奧力岡 Oregano 的別稱）

匈牙利紅椒粉
Paprika Powder

荳蔻粉 Nutmeg Powder

俄力岡香葉 Oregano Leaves
（奧力岡 Oregano 的別稱）

香草精 Vanilla

玉桂粉 Cinnamon Powder

月桂葉 Bay Leaf

🌿 廚酒 Cooking wine

白葡萄酒 White Wine

紅葡萄酒 Red Wine

萊姆酒 Rum

桔子甜酒 Grand Marnier

櫻桃酒 Kirsch

🌿 乳製品 Dairy

巴美（帕瑪森）乳酪
Parmesan Cheese

無鹽奶粉
Unsalted Milk Powder

奶油 Butter

藍紋乳酪 Blue Cheese

葛利亞乳酪 Gruyere Cheese

酸奶油 Sour Cream

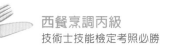

🍃 肉類 Meat

油漬鮪魚罐
Canned Tuna Fish

鯷魚 Anchovy

火腿 Ham

羊腿肉 Lamb Leg

燒烤牛肉／胡椒牛肉
Roasted Beef/Pastrami

🍃 醬汁類 Sauce

黃芥末醬
Morehouse mustard

法式第戎芥末醬
Dijon mustard

辣椒汁 Tabasco

辣醬油 Worcestershire Sauce

辣根醬 Horseradish

番茄糊 Tomato Paste

罐頭番茄粒
Cawned Whole Tomato

番茄醬 Ketchup

麵類 Pasta

義大利麵條 Spaghett

通心麵 Macaroni

雞蛋麵 Egg Noodle

雜貨 Grocery

發粉（泡打粉）
Baking powder

酸黃瓜 Pickie

黑橄欖 Black Olive

香甜玉米醬 Golden Sweet
Corn Cream Style

橄欖油 Olive Oil

蜂蜜 Honey

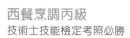

白酒醋 White Wine Vinegar

白砂糖 Sugar

麵包粉 Bread Crumb

玉米粉 Corn Starch

玉米粉 Corn Starch

糖霜 Icing Sugar

薏仁 Barley

薯條 French Fries

免調溫巧克力
Compound Chocolate

酸豆 Caper

楓糖漿 Maple Syrop

核桃 Walnut

葡萄乾 Raisin

調味料用罐 Seasoning bowl

容器、模具

布丁模 Pudding Mold

塔模 Tart Mold

塔模 Tart Mold

長條布丁模

（沙司）調味醬盅 Sauce Bowl

雞尾酒杯附底盤
Cocktail Glass With Saucer

湯碗湯盤附底盤
Soup Cup/Plate With Saucer

大烤盤 Baking Tray

小烤盤 Baking Tray

派盤 Pie Pan

混合盆（鋼盆）Mixing Bowl

焗皿

鍋具

調味醬煮鍋 Sauce Pot(16cm)

平底炒鍋 Fry Pan(16cm)

調味醬煮鍋 Sauce Pot(20cm)

調味醬煮鍋 Sauce Pot(18cm)

調味醬煮鍋 Sauce Pot(24cm)

平底炒鍋 Sautee Pan(25cm)

平底炒鍋 Sautee Pan(20cm)

洗菜過濾網盆

燴鍋（加蓋）
Braising Pot With Lid

高湯鍋 Stock pot

其他手工具

刮刀橡皮 Ruber Spatula

篩網 Sieve

三角濾網 Strainer

麵粉篩 Flour Sieve

麵粉篩 Flour Sieve

切片刀 Carving knife

打蛋器 Whisker

蘋果去核器
Apple Corer

彎削皮刀
Curved Parking Knife

肉叉 Meat Fork

刮魚鱗器

夾子 Kitchen Tong

撇渣器 Skimmer

煎鏟 Spatula

小湯匙 Soup Spoon

叉子 Fork

開瓶器 Corkscrew

三合一傳統開罐器
Can opener

拍肉器 Meat mallet

湯杓 Soup ladle

木杓 Wooden spatola

擀麵棍

過濾布 Cheese cloth

油紙 Wax paper

保鮮膜 Plastic wrap

鋁箔紙 Aluminium foil

麵疙瘩網 Spaetzle sieve

隔熱手套

保鮮盒 Fresh keeping box

點火槍 Electronic igniter

牙籤 Tooth pick

白毛巾 Kitchen towel

白色抹布
Kitchen cloth(white color)

藍色抹布
Kitchen cloth(Blue color)

調味料用罐
Seasoning Container

擠花嘴（袋）

剪刀 Scissors

棉繩 Cotton string

烤麵包機 Toaster

果汁機 Juice blender

砧板 Chopping board with
rack（白綠紅藍）

塑膠置菜箱附蓋 Plastic
container/cover

不鏽鋼置物盤 Stainless tray

度量衡工具

量杯 Measuring cup(240c.c.)

量杯 Measuring cup（1公升）

量匙 Measuring spoon

量壺 Measuring pot

磅秤 Scale

清潔用具

毛刷 Brush

藥用酒精附噴器
Ethanol with sprayer

菜瓜布 Scouring sponge

洗碗精 Detergent

垃圾桶 Garbage bin

貳　基本刀工

 魚菲力 Seabass Fille

 原圖	 **1** 在水槽內，放少許水刮除魚鱗	 **2** 剪去背鰭、胸鰭、腹鰭

 **3** 用剪刀從腹部排泄孔剪到下巴

 成品

 **4** 下巴的肉到鰓剪斷

 **5** 鰓到下顎處剪斷

 **6** 剪刀夾住鰓旋轉至鰓取出

 **7** 取出內臟剪下胃囊

 **8** 將魚頸部兩面各切一刀

 **9** 剪刀剪斷魚頭

 **10** 順魚鰭切至尾部

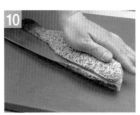 **11** 貼魚骨切至底部

 **12** 用剪刀順中間骨頭剪魚翅至腹部

刀子順腹部切至魚尾取出於菲力

取出魚腹部的魚刺

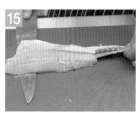

刀子貼住砧板由魚尾往前取出魚皮

另一邊魚菲力尾部下刀至頸部

剪下魚翅至腹部

順腹部貼骨頭取下魚菲力

取下魚腹部的魚刺

由尾部魚皮往前取出魚皮

全雞切割法

原圖

全雞洗淨，切除雞頭、雞爪、雞翅留雞翅根（取二節雞翅）

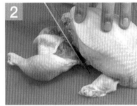

雞腿至雞胸處切開（兩邊）

用手將腿胸分開

成品

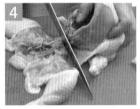

切斷雞皮

將腿部大腿骨取出

另一邊一樣切除

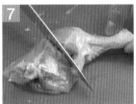

將雞腿在關節處切開

雞胸順中間骨頭各切開

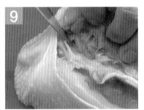

刀尖順前端 V 字骨切至雞翅關節處切開

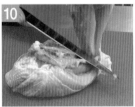

取出雞胸

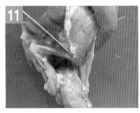

另一邊一樣取出雞胸

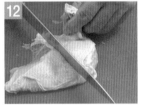

雞胸平均分開

綁雞

成品

1

全雞洗淨，切除雞頭、雞爪、雞翅留雞翅根（取二節雞翅）

2

調味蔬菜（月桂葉、百里香、迷迭香）切大丁

3

用鹽、胡椒、香草均勻抹在雞肉上，並將蔬菜塞入雞腹內

4

取棉線在尾椎處打結

5

棉線將兩腳關節處繞至尾椎處

6

將棉線綁緊

7

放上奶油

🦋 藍帶豬排切割法（蝴蝶刀）

原圖

洗淨，將筋、油取出

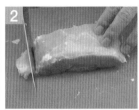

將邊切齊

分切兩份不切斷

成品

兩邊切割不切斷

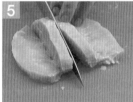

再切斷中間

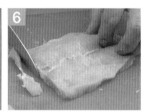

再切邊修齊

🦋 水煮馬鈴薯（酒桶形）

原圖

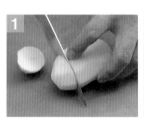

洗淨去皮，切除頭尾 (5~6cm)

縱切成兩塊

由底部前端切至大拇指處（成圓弧形）

成品

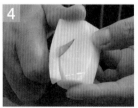

馬鈴薯轉向，另一邊一樣切至大拇指處

翻面右邊，由前切至底部

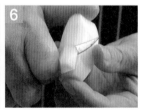

馬鈴薯轉向，由前切至底部

中間再由前切至底
部

🦋 水煮馬鈴薯（橄欖形）

原圖

洗淨去皮，切除頭
尾 (5~6cm)

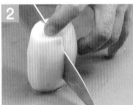

縱切成兩塊

左手取馬鈴薯，右
手持刀，大拇指抵
住馬鈴薯

成品

上下各取中心點，
由上面中心點往下
面中心點削

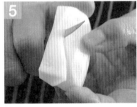

另一面直角處，由
上面中心點往下面
中心點削成圓弧形
刀弧

另一面直角處削法
同步驟 5

削成圓弧刀紋（不
可把中心點削掉）

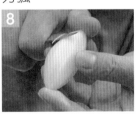

修飾

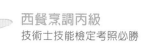
🦋 紅蘿蔔小丁

原圖

洗淨去皮取 5~6cm 長

切除四邊成方形

成 0.5cm 厚

成品

再切成 0.5cm 厚條狀

切成 0.5cm 小丁

🦋 紅蘿蔔片丁

原圖

洗淨去皮取 5~6cm 長

切除四邊成方形

切 1cm 厚

成品

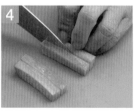

再切成 1cm 厚的長條狀

排列切成 (0.2cm) 片狀

🦋 紅蘿蔔絲

原圖

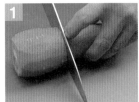

1 洗淨去皮取 5~6cm 長

2 切除四邊成方形

3 切成片狀

成品

4 排列整齊

5 切成絲狀

🦋 紅蘿蔔（橄欖形）

原圖

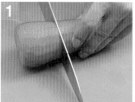

1

洗淨去皮取 5~6cm 長

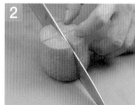

2

分切成 4 等份

3

上下兩邊取中心點

成品

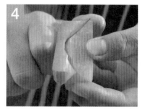

4

前面中心點切至後面中心點，削成圓弧形刀紋

5

轉另一直角下刀，一樣前面中心點到後面中心點

6

再轉另一直角下刀，樣前面中心點到後面中心點

7

修去多餘的直角（不可削掉中心點）

8

削成 6~8 面平均的橄欖形

🦋 大黃瓜切片

原圖

去皮，切除頭尾

1 開成 4 條狀

去除中心籽

成品

斜切薄片約
0.3~0.5cm 片狀

🦋 洋蔥絲

原圖

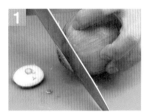

切除頭尾部

用小刀將外膜去除
切成 2 半

切除蒂頭

成品

順半圓形角度下刀

切成厚薄一致的絲

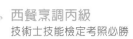
洋蔥碎

原圖

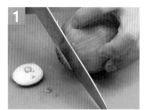

切除頭尾部

用小刀將外膜去除
切成 2 半

用刀尖切成細條狀
（底部不切開）

成品

再順著中間切開不
切斷

將洋蔥切碎

一手握刀另一手按
壓刀背上下切成碎

紅蔥頭碎

原圖

去除尾部（乾掉部
分）

切成細絲（底部不
切斷）

成品

縱切成碎

🦋 高麗菜絲

原圖

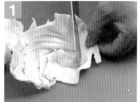

取葉子切掉粗莖

將葉子排列整齊，
切成細絲

成品

🦋 九層塔碎

原圖

洗淨後擦乾水分，
排列整齊

切成細條

成品

縱切成小碎丁

🦋 香芹碎

原圖

洗淨後取下葉子

一手握刀另一手按
壓刀背上下切碎

切至細碎

成品

放在紙巾上吸乾水
分

再換紙巾吸乾

🦋 蘋果

原圖

洗淨去除頭尾

去除外皮

切成圓片狀約
1~1.5cm

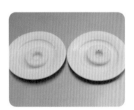

成品

用去核器去除籽
（或用小刀去除）

蘋果丁

原圖

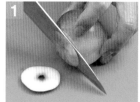

洗淨去除頭尾

去除外皮

切成 4 等份

成品

去除籽

切成大丁

麵包丁

原圖

土司去除邊

切成 1 cm 長條

成品

再切成 1 cm 小丁

MEMO

Western Culinary

3

PART

西餐烹調丙級

術科試題組合菜單

301-A1
煎法國土司
French toast

301-A2
蒔蘿黃瓜沙拉
Dill cucumber salad

301-A3
匈牙利牛肉湯
Hungarian goulash soup

301-A4
奶油洋菇鱸魚排附香芹馬鈴薯
Fillet of seabass bonne femme style
with parsley potatoes

題組總材料表

項目	名稱	數量
1	洗選蛋 (egg)，約 50g ／個	4 個
2	牛奶 (milk)	200ml
3	鹽 (salt)	50g
4	白砂糖 (sugar)	100g
5	香草精或香草粉 (vanilla)	20ml / 20g
6	沙拉油 (salad oil)	200ml
7	吐司麵包 (white bread)	6 片
8	蜂蜜 (honey)	60ml
9	大黃瓜 (cucumber)	900g
10	白胡椒粉 (white pepper powder)	20g
11	黑胡椒粉 (black pepper powder)	20g
12	酸奶油 (sour cream)	120g
13	蒔蘿草 (dill)，乾或新鮮	10g
14	牛臀肉 (beef rump)	300g
15	洋蔥 (onion)	500g
16	馬鈴薯 (potato)	600g
17	紅甜椒粉 (paprika)	20g
18	月桂葉 (bay leaf)	6 片
19	迷迭香 (rosemary)	10g
20	葛縷子 (caraway seed)	10g
21	罐頭番茄粒 (canned whole tomato)	300g
22	番茄糊 (tomato paste)	120g
23	牛骨高湯 (beef stock) 或 雞高湯 (chicken stock)	2 liter
24	鱸魚 (seabass)，約 800g ／條	1 條
25	奶油 (butter)	250g

項目	名稱	數量
26	紅蔥頭 (shallot)	50g
27	白葡萄酒 (white wine)	300ml
28	洋菇 (button mushroom)	150g
29	香芹 (parsley)	50g
30	鮮奶油 (cream U.H.T.)	200ml
31	肉桂粉 (cinnamon powder)	5g
32	胡蘿蔔 (carrot)	50g
33	西芹菜 (celery)	50g

煎法國土司
French toast

👨‍🍳 材料

雞蛋 egg / 4ea
牛奶 fresh milk / 30c.c.
鹽 salt / few
白砂糖 sugar / 60g
香草精或香草粉 vanilla / 4c.c.
奶油 butter / 40g
沙拉油 salad oil / 30c.c.
吐司麵包 white toast / 3pc
蜂蜜 honey / 40c.c.
肉桂粉 cinnamon powder / 4g

👨‍🍳 用具

平底鍋一個、混合盆一個、打蛋器一支、煎鏟一支、沙司盅二個、餐盤二個

重 點 步 驟

1 吐司去除四邊（也可不去邊），再從對邊切成三角形。另備容器將糖及肉桂粉拌勻備用

2 雞蛋用衛生規定法將雞蛋打出

3 將打出的雞蛋放入鋼盆內，加入牛奶，再加入香草精調味拌勻，過篩備用

4 吐司沾牛奶雞蛋液

5 熱鍋中火，放入奶油再放沙拉油，將沾好牛奶雞蛋液的吐司放入，煎至兩面呈金黃色

6 盛盤，撒上肉桂糖，附上蜂蜜，即成

▶ 製作說明

1. 沾蛋液要拌勻，要兩面煎成金黃色。
2. 內部組織需熟透。
3. 蛋汁要熟透，外表不油膩，軟硬要適宜。
4. 切邊，撒上肉桂粉糖。
5. 成品要溫熱，每人份 3 片（三角形）。
6. 蜂蜜沾料另附。

▶ 製作步驟

步驟一：吐司切邊後對切成三角形。另準備一個容器將白砂糖及肉桂粉攪拌均勻備用。雞蛋以衛生打法打出後放入鋼盆，加入牛奶、鹽及香草精（粉）一起攪拌均勻，過篩備用。

步驟二：將吐司沾牛奶雞蛋液，取鍋先放奶油再沙拉油，將沾好牛奶雞蛋液的吐司煎至兩面金黃色，外表不油膩，軟硬要適宜。

步驟三：裝盤時撒上拌好的肉桂糖，成品要溫熱（三角形、每人份3片）蜂蜜沾料另附。

蒔蘿黃瓜沙拉

Dill cucumber salad

🧑‍🍳 材 料
大黃瓜 cucumber / 600g
鹽及胡椒粉 seasoning / few
酸奶油 sour cream / 60g
蒔蘿草 dill / 4g

🧑‍🍳 用 具
混合盆一個、木杓、沙拉碗
二個

🧑‍🍳 備 註
清水 water ／適量

重 點 步 驟

大黃瓜洗淨去皮，切除頭尾

一切四切成條狀，去籽

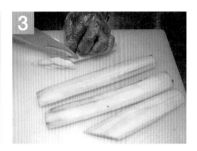

再切斜成片（約 0.5cm）

放入保鮮盒中，加入鹽醃漬拌勻，進冰箱醃製約 15~20 分至軟

用礦泉水洗淨（可清洗兩次），瀝乾水分

加入蒔蘿草、鹽、胡椒及酸奶油，拌勻即成

▶ 製作說明

1. 黃瓜去皮、籽，切片厚薄要一致。
2. 加鹽醃漬，要置放冰箱冷藏去水分。
3. 擠出水後要拌入酸奶油及蒔蘿草並調味。
4. 成品不可出水，不需排列整齊。
5. 成品應冰涼。

▶ 製作步驟

步驟一：大黃瓜洗淨削皮，切除頭為，切 1 開 4，去籽、切斜小薄片（約 0.5cm 厚）放入保鮮盒加鹽醃漬拌勻，要置放冰箱冷藏醃漬至軟（約 15~20 分）。

步驟二：用礦泉水洗淨（可清洗兩次），瀝乾水分，要拌入酸奶油及蒔蘿草並調味。

步驟三：成品不可出水，不需排列整齊，成品應冰涼。

匈牙利牛肉湯
Hungarian goulash soup

👨‍🍳 材料

牛臀肉 beef rump / 200g
沙拉油 salad oil / 30c.c.
洋蔥 onion / 80g
馬鈴薯 potato / 80g
紅甜椒粉 paprika / 10g
月桂葉 bay leaf / 1pc
迷迭香 rosemary / 2g
葛縷子 caraway seed / 2g
罐頭番茄粒 canned whole
tomato / 120g
番茄糊 tamato paste / 40g
牛骨高湯 beef stock 或雞高湯
chicken stock / 1,000c.c.

👨‍🍳 備註

香料包袋 sachet / 1ea
鹽及胡椒粉 seasoning / few
酸奶油 sour cream / 30g
紅葡萄酒 red wine / 80c.c.

👨‍🍳 用具

燴鍋 (braising pot) 一個、
木杓一支、湯盤二個

1

牛肉去除筋油，切成條狀，再切成 1.5cm 丁狀，用紅甜椒粉、鹽、胡椒、少許麵粉醃漬

2

馬鈴薯去皮切丁泡水備用，洋蔥切丁備用。迷迭香、月桂葉及葛縷子放入香料包內

3

熱鍋將牛肉炒香（可入紅酒去腥）

4

加入洋蔥丁、番茄糊、罐頭番茄粒續炒

5

加入牛骨高湯及香料包及馬鈴薯丁，煮 30 分

6

盛盤後放入酸奶油即成

▶ 製作說明

1. 牛肉切丁、馬鈴薯切丁，洋蔥切丁，刀工大小均勻。
2. 月桂葉、迷迭香、葛縷子應做成香料包 (sachet)。
3. 匈牙利紅椒粉（紅甜椒粉）須與牛肉丁同炒後才能加入高湯。
4. 烹煮時間要夠，牛肉要熟透，不可有焦味及沾鍋。
5. 香料、食材與湯的比率要適當。
6. 成品湯液應濃稠，味道要有葛縷子與匈牙利紅椒（紅甜椒）香味。
7. 取酸奶油作盤飾，但不可共煮。

▶ 製作步驟

步驟一：牛臀肉去筋油，先切條狀再切小丁 (1.5cm)，並加入調味料、紅甜椒粉（匈牙利紅椒粉）、少許麵粉醃漬備用。馬鈴薯去皮切小丁泡水、洋蔥切小丁。月桂葉、迷迭香、葛縷子放入香料包備用。

步驟二：取鍋將牛臀肉炒香（可入紅酒去腥）。

步驟三：加入洋蔥丁→番茄糊→罐頭番茄粒續炒，後入牛骨高湯、香料包、馬鈴薯丁→煮滾後轉小火慢熬，約 30 分（雜質需撈起）。

步驟四：最後取酸奶油作盤飾，不可共煮。

奶油洋菇鱸魚排附香芹馬鈴薯
Fillet of seabass bonne femme style with parsley potatoes

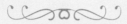

材料
鱸魚 seabass / 1 尾
奶油 butter / 40g
紅蔥頭 shallot / 40g
白葡萄酒 white wine / 100c.c.
洋菇 button mushroom / 150g
魚高湯
馬鈴薯 potato / 2ea
香芹 parsley / 10g
鮮奶油 cream U.H.T. / 120c.c.

備註
鹽及胡椒粉 seasoning / few

用具
上火烤箱 (salamander) 一個、
烤盤 (baking tray) 一個、湯鍋
一個、調味醬煮鍋一個、木
杓、打蛋器各一支、主餐盤
二個

重 點 步 驟

鱸魚用白酒、鹽、胡椒、紅蔥頭碎醃漬入冰箱冰鎮

取鍋子加水煮沸，放入川燙後的魚骨、調味蔬菜、胡椒，熬煮 40 分，過濾高湯

過濾後的高湯中放入鱸魚菲力

放入洋菇片、紅蔥頭碎、白酒，水波煮至熟，先將魚菲力撈起盛盤

高湯續煮濃縮，至 1/3 時加入鮮奶油，繼續濃縮至濃稠

馬鈴薯水煮至熟，瀝乾水分，拌入奶油、香芹、鹽及胡椒炒香，和魚菲力一同盛盤後淋上醬汁即成

▶ 製作說明

1. 鱸魚去骨去皮，處理要乾淨，鱸魚菲力需冷藏。
2. 洋菇切片厚薄均勻。
3. 需利用魚骨做出魚高湯，醬汁的酒、高湯、鮮奶油的比例適中。
4. 需用魚高湯、蘑菇低溫烹調 (poaching) 魚菲力，時間與溫度要恰當。
5. 香芹馬鈴薯（橄欖形，每盤各三個）要熟透。

▶ 製作步驟

步驟一： 洋菇切片厚薄均勻、紅蔥頭切薄片、馬鈴薯削成橄欖形、香芹切碎並用衛生手法擠乾。鱸魚洗淨並取魚菲力兩片並去皮（不可取量不足）不碎裂，用白酒、紅蔥頭碎、調味料醃漬後放冰箱冷藏備用。

步驟二： 將魚骨清洗乾淨川燙，加調味蔬菜、胡椒與清水約300c.c.，熬煮40分後過濾高湯。

步驟三： 過濾後的魚高湯放魚菲力、洋菇片、紅蔥頭碎、白酒（白酒有酸性需要蒸發），並用小火慢煮至熟後，先將魚菲力撈起盛盤，高湯續煮至濃縮至 1/3 才能放鮮奶油，後續煮至濃稠。

步驟四： 用開水煮熟馬鈴薯瀝乾水分加奶油，再灑上香芹調味拌勻備用。將魚菲力排主菜盤，醬汁鋪底再放上魚肉，再擺馬鈴薯（每盤三個）即可。

301-B1
美式華爾道夫沙拉
Waldorf salad American style

301-B2
雞骨肉汁（0.5公升）
Chicken gravy (0.5ℓ)

301-B3
佛羅倫斯雞胸附青豆飯
Chicken breast Florentine style with risi bisi

301-B4
沙巴翁焗水果
Seasonal fresh fruit gratinated with sabayon

題組總材料表

項目	名稱	數量
1	蘋果 (apple)，約 250g ／個	5 個
2	西芹菜 (celery)	300g
3	核桃仁 (walnut)	100g
4	葡萄乾 (raisins)	100g
5	蛋黃醬 (mayonnaise)	300ml
6	鹽 (salt)	50g
7	白胡椒粒 (white pepper corn)	15g
8	黑胡椒粒 (black pepper corn)	15g
9	番茄糊 (tomato paste)	120g
10	雞高湯 (chicken stock)	2 liter
11	奶油 (butter)	250g
12	鮮奶油 (cream U.H.T.)	200ml
13	白葡萄酒 (white wine)	200ml
14	白胡椒粉 (white pepper powder)	20g
15	黑胡椒粉 (black pepper powder)	20g
16	梨子 (pear)，約 250g ／個	1 個
17	香蕉 (banana)，約 250g ／個	1 個
18	木瓜 (papaya)，約 500g ／個	1/4 個
19	洗選蛋 (egg)，約 50g ／個	3 個
20	白砂糖 (sugar)	150gr
21	干邑香橙酒 (grand marnier)	20ml
22	雞骨 (chicken bone)	1kg

項目	名稱	數量
23	胡蘿蔔 (carrot)，約 250g ／條	2 條
24	洋蔥 (onion)，約 250g ／個	2 個
25	蒜苗 (leek)	200g
26	月桂葉 (bay leaf)	3 片
27	迷迭香 (rosemary)	5g
28	百里香 (thyme)	5g
29	雞胸肉 (chicken breast)，約 400g	1 付
30	紅蔥頭 (shallot)	50g
31	葛利亞乳酪 (gruyere cheese)	150g
32	巴美乳酪 (parmesan cheese)	60g
33	菠菜 (spinach)	120g
34	蒜頭 (garlic)	50g
35	白米 (rice)	300g
36	青豆仁 (green peas)	50g

301-B1

美式華爾道夫沙拉
Waldorf salad American style

🎩 材料

蘋果 apple / 2ea
西芹菜 celery / 160g
核桃仁 walnut / 80g
葡萄乾 raisin / 60g
蛋黃醬 mayonnaise / 80g
鹽及胡椒粉 seasoning ／適量

🎩 用具

湯鍋一個、混合盆一個、木杓二支、沙拉盤二個

 重 點 步 驟

派盤鋪上鋁箔紙將核桃仁烤至
金黃色

蘋果去皮，切除頭尾，一分
為四後除去果核，再切成約
1.5cm 的塊狀

將蘋果塊過鹽水（可防止氧
化，勿超過 30 秒），瀝乾水
分備用

西芹菜去皮切成條狀，再切
成約 1.5cm 的塊狀，水滾後川
燙（約 5 秒鐘）後冰鎮瀝乾水
分，備用

葡萄乾泡礦泉水後瀝乾、擦乾
水分，將蘋果、西芹菜、葡萄
乾拌入蛋黃醬調味

盛盤後撒上烤好核桃仁即成

▶ 製作說明

1. 蘋果去皮不可變色，西芹菜需刨皮去絲。
2. 蘋果、西芹菜刀工大小要適中。
3. 除核桃仁外的食材經拌勻後要冰冷，不可出水。

▶ 製作步驟

步驟一： 派盤鋪上鋁箔紙，將核桃仁用烤箱溫度 160℃ 烤約 12 分至金黃色。

步驟二： 將蘋果去皮，切除頭尾，一分為四去除果核，再切約 1.5cm 塊狀。蘋果需要泡
鹽水但不可太久，不可超過 30 秒，瀝乾水分備用（不可變色）。

步驟三： 西芹菜刨皮去絲，切條狀再切 1.5 cm 塊狀（需要川燙、大小一致），冰鎮瀝乾
水分備用。葡萄乾需泡礦泉水，並用紙巾以衛生手法擠乾。除核桃仁外，其他
食材需要冰冷。

步驟四： 準備鋼盆將蘋果、西芹菜及葡萄乾，放入蛋黃醬調味攪拌均勻，裝盤時撒上烤
熟核桃仁做裝飾即可。沙拉不可出水（核桃仁不可剁碎）。

雞骨肉汁（0.5公升）

Chicken gravy(0.5λ)

👨‍🍳 材料

雞骨 chicken bone / 1kg
月桂葉 bay leaf / 2pc
百里香 thyme / few
胡椒粒 pepper corn / 15g
番茄糊 tomato paste / 80g
雞高湯 chicken stock / 1.8lt
調味用蔬菜 mirepoix
（蒜苗 green leek / 120g
西芹菜 celery / 120g
洋蔥 onion / 120g
胡蘿蔔 carrot / 120g）

👨‍🍳 用具

烤盤一個、高湯鍋一個、木杓一支、過濾網一個、調味醬煮鍋一個、調味醬盅兩個

雞骨用 200 度烤至金黃色或煎至上色，再放入調味蔬菜，烤至蔬菜軟化

再放入番茄糊烤至深褐色取出放入高湯鍋中（烤盤上加少許高湯，幫助刮除焦化物質，一同入鍋）

加入雞高湯、月桂葉、百里香、胡椒粒放入鍋中熬煮（約 1.5~2 小時）

將煮好的高湯過濾

過濾後的高湯倒入鍋中濃縮

盛盤即成（不可調味）

▶ 製作說明

1.　雞骨及調味蔬菜 (mirepoix) 要烘烤或煎炒著色，不可烤焦或炒焦。
2.　濃稠度要適中，不可有焦味。
3.　色澤應暗褐紅。
4.　成品不可有調味。
5.　成品要足夠份量 (0.5λ)。

▶ 製作步驟

步驟一：將雞骨放入烤箱 200 度烤至金黃色（或煎烤著色），再放入調味蔬菜，烤至蔬菜軟化。

步驟二：烤盤再入番茄糊烤至深褐色，取出後全放入高湯鍋。（烤盤上加少許高湯，可幫助刮除焦化物質，一同入鍋）。

步驟三：高湯鍋加入雞高湯、月桂葉、百里香、胡椒粒後以小火熬煮約 1.5~2 小時，直到雞骨關節筋肉熟爛，過濾到鍋中後繼續加熱濃縮，直到為暗褐色夠濃稠即可盛盤（成品要足夠份量 0.5 公升）。不可有焦味，成品不可有調味。

佛羅倫斯雞胸附青豆飯
Chicken breast Florentine style with risi bisi

👨‍🍳 材料

雞胸肉 chicken breast / 400g
紅蔥頭 shallot / 40g
奶油 butter / 60g
白葡萄酒 white wine / 120c.c.
雞高湯 chicken stock / 200c.c.
葛利亞乳酪 gruyere cheese /
120g
巴美乳酪粉 parmesan cheese /
60g
菠菜 spinach / 120g
蒜末 garlic / 60g
鹽及胡椒粉 seasoning ／適量

鮮奶油 cream U.H.T. / 120c.c.
青豆仁 green peas / 60g
白米 white rice / 100g

👨‍🍳 用具

湯鍋一個、木匙一支、
過濾網一個、餐盤二個

重點步驟

1

熱鍋入奶油炒香蒜末,入米炒香,入高湯炒煮至米吸飽高湯,拌入青豆仁,蓋上蓋子入烤箱烤 10 分

2

熱鍋將雞胸肉煎至兩面金黃色,放入烤盤淋上白酒,進烤箱烤熟約 8~10 分

3

原鍋入奶油炒香紅蔥頭碎,加入鮮奶油及葛利亞乳酪拌勻,倒入高湯熬煮成奶油乳酪醬

4

熱鍋加入蒜末、菠菜,收乾水分

5

盛盤,依序疊放炒菠菜、烤熟雞胸肉,淋上奶油乳酪醬,再放上少許葛利亞乳酪及巴美乳酪粉,烤至金黃色

6

盛入青豆仁飯,即成

製作說明

1. 烹調奶油乳酪醬汁時,雞高湯、酒、鮮奶油、乳酪的比例要適中。
2. 雞胸肉先煎後烘烤,時間不可過久,雞肉要全熟。
3. 醬汁濃稠度要適中,直接淋於雞胸上。
4. 菠菜不可剁碎。
5. 青豆仁飯不可出油,飯粒口感八分熟 (al dente)。
6. 雞胸須使用明火烤爐焗烤,成品醬汁要呈金黃色。

製作步驟

步驟一:雞胸肉處理好並醃漬,紅蔥頭切碎,蒜頭切末,菠菜洗淨切好,青豆仁川燙後沖涼,葛利亞乳酪切碎。

步驟二:奶油炒香蒜末再放米炒,入雞高湯煮,加青豆仁入烤箱(米心需熟透)。

步驟三:熱鍋將雞胸肉煎微上色後入烤盤淋上白酒,進烤箱溫度200℃,約8~10分烤熟。

步驟四:原鍋入奶油炒香紅蔥頭略微炒軟,才能放鮮奶油、葛利亞乳酪拌勻,再入高湯,用小火慢煮成奶油乳酪醬。另取鍋入蒜末炒菠菜收乾水分。

步驟五:將菠菜鋪底再鋪上烤好的雞胸肉,淋上奶油乳酪醬及撒上巴美乳酪粉與葛利亞乳酪,進入明火烤箱焗烤至金黃色即可,並附上青豆仁飯做配菜。

沙巴翁焗水果

Seasonal fresh fruit gratinated with sabayon

材料

梨子 pear / 1/2 個
蘋果 apple / 1/2 個
香蕉 banana / 1 根
木瓜 papaya / 1/4 個
雞蛋 egg / 3ea
白砂糖 sugar / 30g
干邑香橙酒 grand marnier /
45c.c.

用具

湯鍋一個、混合盆一個、打
蛋器一個、湯盤或點心盤二
個

重點步驟

1

蘋果與水梨去皮及核、香蕉去皮、木瓜去皮及籽，一同切成大丁狀，拌入白砂糖及干邑香橙酒醃漬，置入冰箱中

2

將醃漬入味的水果丁盛盤。醃漬果汁液備用

3

取醃漬果汁液，加入蛋黃先打發

4

沙巴翁 (sabayon)：打發的醃漬水果汁蛋液、干邑香橙酒拌勻，隔水加熱打發呈淡黃色乳末狀

5

將沙巴翁淋在水果盤上

6

將所有沙巴翁刮進盤中，進烤箱烤至表面呈金黃色

▶ 製作說明

1. 水果刀工 (1.5cm，large dice) 大小要一致。
2. 水果須以糖、酒醃漬並置冰箱中保鮮及使其入味。
3. 須以隔水加熱烹調出沙巴翁且須膨鬆。
4. 成品須經焗烤且外表呈金黃色，水果不需排列整齊。

▶ 製作步驟

步驟一： 蘋果跟梨子去皮去核、香蕉去皮、木瓜去皮去籽，一同切成大丁狀（約 1.5cm，large dice，大小要一致），拌入白砂糖及甘邑香橙酒醃漬，置入冰箱冷藏。

步驟二： 醃漬冷藏使水果丁入味後裝盤。醃漬水果液備用。

步驟三： 將醃漬水果液、蛋黃打發（打到有稠度）再隔水加熱約 50~60 度，並打發時繼續加甘邑香橙酒 15c.c. 繼續打直到更加濃稠（再以隔水加熱的方式調整濃稠度）。

步驟四： 將打好的沙巴翁淋上整盤水果、用明火烤箱烤製上色（金黃色）。

301-C1
火腿乳酪恩利蛋
Ham and cheese omelette

301-C2
鮮蝦盅附考克醬
Shrimp cocktail with cocktail sauce

301-C3
青豆仁漿湯附麵包丁
Puree of green pea soup with croutons

301-C4
義大利肉醬麵
Spaghetti bolonaise

🌿 題組總材料表

項目	名稱	數量	項目	名稱	數量
1	洗選蛋 (egg)，約 50g ／個	8 個	24	奧力岡 (oregano)	10g
2	洋火腿 (ham)	100g	25	牛骨高湯 (beef stock)	1 liter
3	乳酪片 (sliced cheese)	100g	26	巴美乳酪粉 (parmesan cheese)	120g
4	白胡椒粉 (white pepper powder)	20g	27	月桂葉 (bay leaf)	6 片
5	黑胡椒粉 (black pepper powder)	20g	28	紅葡萄酒 (red wine)	300ml
6	草蝦 (shrimp)，24 尾／ 1kg	6 尾	29	吐司麵包 (white bread)，約 60g ／片	2 片
7	結球萵苣 (iceberg lettuce)，約 250g ／顆	1 顆	30	番茄糊 (tomato paste)	120g
8	番茄醬 (ketchup)	300ml	31	香芹 (parsley)	50g
9	辣根醬 (horseradish)	100ml	32	鹽 (salt)	50g
10	法式芥末醬 (Dijon mustard)	50ml	33	沙拉油 (salad oil)	100g
11	檸檬 (lemon)，約 100g ／粒	1 粒	34	橄欖油 (olive oil)	100g
12	青豆仁 (green pea)	300g			
13	洋蔥 (onion)，約 250g ／個	2 個			
14	西芹菜 (celery)	400g			
15	培根 (bacon)	100g			
16	雞高湯 (chicken stock)	2 liter			
17	奶油 (butter)	250g			
18	鮮奶油 (cream U.H.T.)	300ml			
19	義大利麵條 (spaghetti)	250g			
20	牛絞肉 (minced beef)	300g			
21	匈牙利紅辣椒粉 (paprika)	20g			
22	蒜頭 (garlic)	50g			
23	胡蘿蔔 (carrot)，約 250g ／條	1 條			

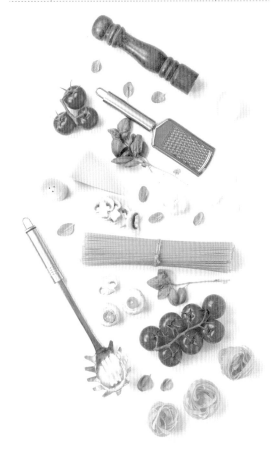

火腿乳酪恩利蛋
Ham and cheese omelette

🧑‍🍳 材料

雞蛋 egg / 6ea
火腿 ham square / 80g
切達乳酪 cheddar cheese / 60g
鹽及胡椒粉 seasoning ／適量
奶油 butter / 40g
鮮奶油 cream U.H.T. / 40c.c.

🧑‍🍳 用具

平底鍋一支、混合盆一個、
煎鏟一支、沙拉盤二個

重點步驟

將切達乳酪及火腿切成片丁

雞蛋用衛生規定法打出，放入鋼盆，再加入鮮奶油、鹽、胡椒粉拌勻

用細網過濾分成兩份

熱鍋奶油倒入蛋液，快速攪拌至七分熟，再蛋面上放火腿及切達乳酪，鍋子呈 45 度角，將左上方 1/4 處的蛋往下翻

將右上方的蛋翻下來蓋住火腿及切達乳酪，成扇形，從扇形的尖端往下捲

往前推，修飾使兩邊呈圓錐形

▶ 製作說明

1. 火腿與乳酪的刀工大小（小丁，small dice）要均勻。
2. 以三顆蛋為準，蛋白蛋黃打均勻。
3. 成品外形飽滿，可成半月形或圓錐形（不可煎成蛋皮再捲）。
4. 火腿與乳酪須包在蛋內，不可漏出，蛋液要熟。
5. 成品不可焦黃，應呈金黃色且色澤均勻。

▶ 製作步驟

步驟一：將切達乳酪及火腿切成片丁（大小刀工要均勻），雞蛋用衛生規定法將雞蛋打出（三顆蛋為一份），放入鋼盆再加入鮮奶油，調味拌勻後，再用細網過濾，蛋液分成兩份。

步驟二：取平底鍋熱鍋奶油倒入過濾好的蛋液，溫度不要太高，快速攪拌至七分熟後，在蛋面之上放入火腿、切達乳酪，此時鍋子呈 45 度角，將左上角 1/4 處的蛋往下翻。

步驟三：將右上方的蛋翻下來蓋住火腿及切達乳酪，不可露出，蛋液要熟，呈扇形後再從扇形的尖端往下捲，再往前推，修飾兩邊都呈圓錐形（或半月形，不可煎成蛋皮再捲）。

鮮蝦盅附考克醬
Shrimp cocktail with cocktail sauce

👨‍🍳 材料
草蝦 grass shrimp / 6pc
結球萵苣 iceberg lettuce / 60g
番茄醬 tomato ketchup / 80g
辣根醬 horseradish / 20g
蛋 egg / 1ea
法式芥末醬 dijon mustard / 15g
檸檬 lemon / 10c.c.

胡蘿蔔 carrot / 30g
青蒜苗 green leek / 20g
西芹菜 celery / 40g
百里香 thyme / 1gr
月桂葉 bay leaf / 1pc
白胡椒粒 white pepper corn / 2gr

👨‍🍳 用具
湯鍋一個、調味醬盅一個、雞尾酒杯二個

👨‍🍳 備註
鹽及胡椒粉 seasoning ／適量
洋蔥 onion / 40g

重點步驟

草蝦剪去鬚和腳，去除腸泥	萵苣切絲冰鎮再瀝乾水分	蛋水煮 10 分去殼切片，檸檬切成角去芯去籽

將洋蔥、西芹菜、胡蘿蔔、蒜苗、月桂葉、百里香加水煮成簡易高湯，約 10 分後放入草蝦煮熟後冰鎮去殼去頭尾	萵苣絲瀝乾水分放入雞尾酒杯中，放入檸檬角、蛋片，再放入去殼草蝦	番茄醬加入法式芥末醬、辣根醬、檸檬汁拌勻，放入醬料盅內

▶ 製作說明

1. 需用調味高湯 (court bouillon) 來烹煮草蝦。
2. 萵苣菜絲刀工要均勻。
3. 要有水煮蛋片、檸檬作裝飾。
4. 成品草蝦不可帶尾殼，不可掛於杯緣，成品應冰冷。

▶ 製作步驟

步驟一：草蝦剪去鬚和腳，去除腸泥。萵苣切絲泡冰水冰鎮後瀝乾備用，菜絲刀工要均勻。取鍋放水及蛋等水滾開始算時間 10 分鐘取出泡冷水冷卻去殼，並用衛生規定法切蛋片。檸檬縱切 1 切 6 去芯去籽，2 等份做裝飾、4 等份要擠檸檬汁。

步驟二：另取鍋加水放入調味蔬菜、調味香料熬約 10 分成簡易高湯，將草蝦放入煮熟後冰鎮去殼去頭尾。

步驟三：容器放番茄醬 80g、法式芥末醬 15g、辣根醬 15g、檸檬汁約 10c.c. 攪拌均勻。

步驟四：在雞尾酒杯中鋪上萵苣絲，擺上草蝦及蛋片、成品草蝦不可帶尾殼、不可掛於杯緣、成品應冰冷，附上檸檬角做裝飾，供應時附上考克醬即可。

301-C3

青豆仁漿湯附麵包丁

Puree of green pea soup with croutons

🍳 材料

青豆仁 green peas / 300g
洋蔥 onion / 90g
西芹菜 celery / 50g
培根 sliced bacon / 50g
雞高湯 chicken stock / 500c.c.
鮮奶油 cream U.H.T. / 60c.c.
奶油 butter / 40g
鹽及胡椒 seasoning ／適量
吐司麵包 white toast / 1pc
大蒜 garlic / 20g

🍳 用具

湯鍋一個、木杓一支、果汁機一部、湯杓一支、湯盤二個

 重 點 步 驟

1 吐司去邊切中丁，入烤箱烤至上色。培根切丁片，蒜切片，洋蔥、西芹菜切絲

2 將培根、洋蔥炒香，加入月桂葉、西芹菜

3 先加入 2/3 青豆仁及高湯熬煮 20 分，再加入剩下的 1/3 青豆仁煮 10 分

4 撈起月桂葉，冰鎮降溫

5 倒入果汁機打成泥狀，倒回鍋內加熱，加入鮮奶油後調味

6 盛盤，放上烤過或炒過的麵包丁即成

▶ 製作說明

1. 培根及青豆仁炒香。
2. 打漿後應回鍋加熱有煮開的動作。
3. 濃稠度適宜，不可有豆腥味。
4. 成品有青豆培根香，並呈淡綠色。
5. 麵包丁應刀工大小（中丁， medium dice）一致，經烤過或煎過成酥脆狀，須灑於湯面上。

▶ 製作步驟

步驟一：麵包去邊後切丁一致 (croutons) 放入烤箱以 180 度約 10~12 分烤至上色。

步驟二：將培根切丁片，蒜切片，洋蔥、西芹菜切粗絲。取醬汁鍋炒香蒜片、培根、洋蔥，加入月桂葉、西芹菜。

步驟三：先加入 2/3 青豆仁再加雞高湯 500c.c. 熬煮約 20 分，再加入剩下的青豆仁煮 10 分，撈起月桂葉後，將湯隔冰水冷卻降溫。

步驟四：將湯食材倒入果汁機，打成泥狀再倒回鍋中加熱再加入鮮奶油調味後盛盤，灑上麵包丁（約 5~6 粒）做裝飾即可（濃稠度適宜，不可有豆腥味、成品有青豆培根香，並呈淡綠色）。

301-C4

義大利肉醬麵

Spaghetti bolonaise

🍳 **材料**

義大利麵條 spaghetti / 200g
橄欖油 olive oil / 900c.c.
牛絞肉 minced beef / 300g
洋蔥 onion / 100g
匈牙利紅椒粉 paprika / 10g
大蒜 garlic / 30g
紅葡萄酒 red wine / 200c.c.
奧力岡 oregano / 2g
牛骨高湯 beef stock / 600c.c.
巴美乳酪粉 parmesan cheese /
40g
月桂葉 bay leaf / 2pc

鹽及胡椒粉 seasoning / few
番茄糊 tomato paste / 900g
調味用蔬菜 mirepoix
（胡蘿蔔 carrot / 80g
西芹菜 celery / 80g）

🍳 **用具**

湯鍋二個、煎鏟一支、夾子
一支、漏杓一支、餐盤二個

重 點 步 驟

將洋蔥、胡蘿蔔、西芹菜、大蒜切成碎備用。牛絞肉拌匈牙利紅椒粉醃漬

熱鍋入橄欖油炒香牛絞肉，加入洋蔥碎、胡蘿蔔碎、西芹菜碎、蒜碎拌炒，再加入月桂葉、奧力岡炒香倒入紅酒濃縮，入番茄糊炒軟

加入牛骨高湯熬煮約 40 分並調味

滾水中加入一匙鹽、一匙油，放入義大利麵煮 8 分，撈起沖冷水至涼，瀝乾水分後拌油

熱鍋後，放入義大利麵及肉醬拌炒

盛盤後淋上鍋中醬汁，撒上巴馬乳酪粉即成

▶ 製作說明

1. 蔬菜刀工要一致。
2. 絞肉必須先炒香後才可加入紅酒後續烹調。
3. 烹調肉醬時須慢火燴煮。
4. 麵條要煮到八分熟 (al dente)，要有調味及亮度。
5. 肉醬色澤為暗紅色，要與麵條調合，且不能過乾。
6. 成品需灑上巴美乳酪粉 (parmesan cheese) 作裝飾。

▶ 製作步驟

步驟一：將洋蔥、胡蘿蔔、西芹菜、大蒜分別切碎備用。牛絞肉拌匈牙利紅椒粉醃漬。

步驟二：熱鍋炒牛絞肉，入洋蔥碎、胡蘿蔔碎、西芹菜、蒜碎拌炒均勻，入月桂葉、奧力岡炒香後加紅酒濃縮，入番茄糊拌炒至軟，入牛骨高湯煮約 40 分調味成肉醬。

步驟三：單手鍋燒水放一匙鹽、一匙油，麵條散狀放入煮 8 分（約 8 分熟）撈起沖冷水後瀝乾，拌少許橄欖油備用。

步驟四：熱鍋將麵條與肉醬拌炒均勻後盛盤，再淋上鍋中醬汁並撒上巴美乳酪粉即可。

301-D1
薄片牛排三明治附高麗菜沙拉
Minute steak sandwich with cabbage salad

301-D2
蔬菜絲清湯
Clear vegetable soup with julienne

301-D3
紅酒燴牛肉附奶油雞蛋麵
Beef stew in red wine with buttered egg noodle

301-D4
香草餡奶油泡芙
Cream puff with vanilla custard filling

題組總材料表

項目	名稱	數量
1	菲力牛排 (beef tenderloin)	300g
2	奶油 (butter)	500g
3	洋蔥 (onion)， 約 250g ／個	2 個
4	結球萵苣 (iceberg lettuce)	200g
5	番茄 (tomato)， 約 250g ／個	3 個
6	辣醬油 (worcestershire sauce)	20ml
7	高麗菜 (cabbage)	300g
8	蛋黃醬 (mayonnaise)	200ml
9	吐司麵包 (white bread)	6 片
10	鹽 (salt)	50g
11	白胡椒粉 (white pepper powder)	20g
12	黑胡椒粉 (black pepper powder)	20g
13	胡蘿蔔 (carrot)， 約 250g ／條	2 條
14	西芹菜 (celery)	300g
15	青蒜苗 (leek)	300g
16	月桂葉 (bay leaf)	6pc
17	雞蛋 (egg)， 約 50g ／個，洗選蛋	4 個
18	牛腩 (beef brisket)	500g
19	百里香 (thyme)	10g
20	紅葡萄酒 (red wine)	300ml
21	牛骨肉汁 (beef gravy)	300ml
22	高筋麵粉 (bread flour)	250g
23	低筋麵粉 (cake flour)	250g

項目	名稱	數量
24	香草精或香草粉 (vanilla)	20ml / 20g
25	玉米粉 (corn starch)	100g
26	白砂糖 (sugar)	200g
27	牛奶 (milk)	500ml
28	雞蛋麵 (egg noodle)	90g
29	黑胡椒粒 (black peppercorns)	5g
30	糖粉 (powdered sugar)	30g

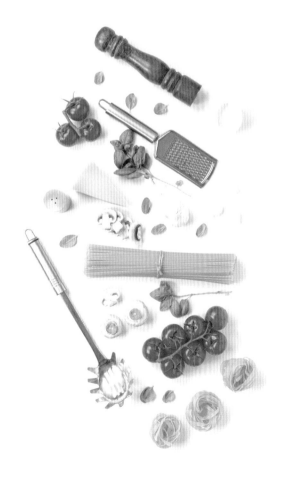

薄片牛排三明治附高麗菜沙拉
Minute steak sandwich with cabbage salad

🧑‍🍳 材料
菲力牛排 beef tenderloinzo /
300g
奶油 butter/100g
洋蔥 onion / 80g
結球萵苣 iceberg lettuce / 80g
番茄 ripe tomato / 100g
高麗菜 cabbage / 200g
蛋黃醬 mayonnaise / 40g
鹽及胡椒粉 seasoning ／適量
吐司麵包 white toast / 4pc
辣醬油 worcestershire sauce /
10c.c.

🧑‍🍳 備註
紅酒 red wine / 40c.c.
沙拉油 salad oil / 30c.c.

🧑‍🍳 用具
平底鍋一支、拍肉器 (meat
hammer) 一支、沙拉盤二個

重點步驟

高麗菜切絲用鹽醃漬，冷藏約15分至軟，再用礦泉水洗淨，擠乾水分，加蛋黃醬調味拌勻

萵苣洗淨瀝乾，番茄切片、洋蔥切片，冷藏備用

用保鮮膜覆蓋兩片牛排，以拍肉器拍薄，再以紅酒、鹽、胡椒醃漬

熱鍋奶油煎牛排至熟，倒入辣醬油，備用

吐司兩面烤至上色，塗上蛋黃醬，依序放上結球萵苣、洋蔥片、番茄片

盛盤，另一片吐司放上煎好的牛排，放上高麗菜絲沙拉即成

▶ 製作說明

1. 高麗菜絲刀工均勻。
2. 牛排須拍薄，烹調不可過老。
3. 三明治以開面式 (open sandwich) 呈現。
4. 高麗菜絲沙拉應醃漬入味。
5. 鍋內肉汁應淋於肉排上。
6. 薄片牛排三明治不可切邊。
7. 沙拉應冰涼，不可接觸三明治。

▶ 製作步驟

步驟一： 高麗菜切絲（絲刀工均勻）抓鹽醃漬冷藏約15分後，取出以礦泉水洗淨並擠乾，再入蛋黃醬調味拌勻備用。

步驟二： 結球萵苣洗淨瀝乾，番茄切片及洋蔥切片冷藏備用。

步驟三： 將菲力牛排用保鮮膜覆蓋後，用拍肉器拍薄，再灑上鹽、白胡椒、紅酒做醃漬，熱鍋奶油煎牛排至熟，淋上少許辣醬油（煎肉原汁則保留）。

步驟四： 吐司烤金黃色後抹上蛋黃醬（一片依序放上萵苣、洋蔥片、番茄片，另一片放上牛排，以開面式呈現，薄片牛排三明治不可切邊），再放上高麗菜絲沙拉（不可接觸三明治）。

蔬菜絲清湯
Clear vegetable soup with julienne

👨‍🍳 材料
洋蔥 onion / 80g
胡蘿蔔 carrot / 60g
西芹菜 celery / 90g
青蒜苗 green leek / 90g
月桂葉 bay leaf / 1pc
番茄 ripe tomato / 60g
鹽 salt / 適量

👨‍🍳 用具
湯鍋一個、鋼盆一個、湯杓、湯碗二套、濾網一支

重點步驟

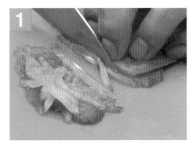

洋蔥、胡蘿蔔、西芹菜、青蒜苗切絲，番茄去皮去籽切絲

將調味蔬菜（洋蔥、西芹菜、胡蘿蔔、青蒜苗、番茄）及月桂葉水煮 30~40 分，濾出高湯

洋蔥、西芹菜、胡蘿蔔及青蒜苗絲川燙

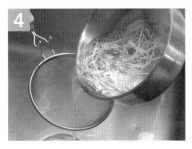

濾乾水分

將所有絲倒入蔬菜高湯中調味

盛碗即成

▶ 製作說明

1. 蔬菜切細絲 (julienne) 刀工大小一致。
2. 需用蔬菜去熬煮蔬菜清湯
3. 裝飾蔬菜絲需燙熟，量要適中，且能見到湯底。
4. 清湯須清澈無浮油。

▶ 製作步驟

步驟一：將洋蔥、胡蘿蔔、西芹菜、青蒜苗切絲，番茄去皮去籽切絲備用。

步驟二：取醬汁鍋，將調味蔬菜（洋蔥、西芹菜、胡蘿蔔、青蒜苗、番茄）切塊狀與月桂葉煮約 30 分，過濾成蔬菜高湯。

步驟三：裝飾蔬菜絲（洋蔥、西芹菜、胡蘿蔔、青蒜苗、番茄）需川燙後濾乾水分，再倒入蔬菜高湯加熱並調味盛碗即可（湯不可加胡椒粉）。

紅酒燴牛肉附奶油雞蛋麵

Beef stew in red wine with buttered egg noodle

🧑‍🍳 材料

奶油 butter / 80g
牛腩 beef brisket / 400g
調味香料束 bouquet garni / 1 束
胡蘿蔔 carrot / 100g
紅葡萄酒 red wine / 100c.c.
月桂葉 bay leaf / 1pc
牛骨肉汁 gravy / 500c.c.
鹽及胡椒 seasoning ／適量
雞蛋麵 chicken egg noodles /
80g

🧑‍🍳 備註

棉線

🧑‍🍳 用具

湯鍋一個、木杓一支、平底
鍋一個、主餐盤二個、混合
盆一個

洋蔥切碎、胡蘿蔔切滾刀塊

牛腩切約 2.5cm 大丁，以鹽、胡椒粉、紅葡萄酒、月桂葉、百里香醃漬 30 分

醃漬後的牛腩煎至上色，放入洋蔥碎及調味蔬菜炒香，入牛骨肉汁、紅酒，熬煮約 1.5 小時至醬汁濃稠，取出調味蔬菜，調味

水煮雞蛋麵約 6 分，煮熟後沖冷瀝乾水分，熱鍋用奶油炒雞蛋麵，調味

將雞蛋麵盛盤

再將燴牛肉盛盤即成

▶ 製作說明

1. 牛腩切大丁 (2.5cm) 刀工要一致，須有醃漬的動作。
2. 烹調時牛腩須煎上色，注意鍋子不可冒火焰。
3. 牛腩不可煎焦，要熟透，須煮至肉塊裹著濃稠的醬汁。
4. 醬汁的濃稠度要適宜。
5. 麵條須用奶油炒過。

▶ 製作步驟

步驟一：洋蔥切碎、胡蘿蔔切滾刀形及備調味蔬菜。

步驟二：牛腩切大丁 (2.5cm) 入鹽、胡椒粉、紅葡萄酒、月桂葉、百里香醃漬約 30 分。取鍋將牛腩煎至上色（注意鍋子不可冒火燄，因牛腩醃漬過較易著火）後，放入洋蔥碎及調味蔬菜炒香，再依序入牛骨肉汁、紅葡萄酒熬煮約 1.5 小時至醬汁濃稠（醬汁的濃稠度要適宜），取出調味蔬菜再調味。

步驟三：取鍋煮雞蛋麵約 6 分後撈起沖冷瀝乾水分後，熱鍋奶油炒過並調味即可盛盤，再將燴牛肉放入。

301-D4

香草餡奶油泡芙
Cream puff with vanilla custard filling

🎩 **材料**

奶油 butter / 60g
水 water / 130c.c.
高筋麵粉 bread flour / 90g
蛋 fresh egg / 2ea
砂糖 sugar / 40g
鹽 salt / 2g
玉米粉 corn starch / 10g
香草 vanilla / 3c.c.
牛奶 fresh milk / 200c.c.
糖粉 powder sugar / 3g

🎩 **用具**

調味醬煮鍋一個、混合盆一
個、麵粉篩一個、小烤盤一
個、打蛋器一支、點心盤二個

奶油、水、鹽混合煮至沸騰，倒入麵粉攪拌成團。另取容器打勻蛋液，慢慢加入後拌勻至糊化（拌起時，麵糊會慢慢流動成倒三角形）

將麵糊裝入擠花袋內，均勻擠於烤盤紙上，擠 6 粒，放入烤箱以 190 度烤約 20 分，再降溫至 100 度烤 10 分。（前 20 分勿開烤箱防塌陷）

將牛奶、砂糖、香草精、蛋黃、玉米粉拌勻，用中小火煮至濃稠，成為奶油餡

蓋上保鮮膜入冰箱冰鎮至涼

將餡料裝入擠花袋內，擠入泡芙內

最後以糖粉裝飾即成

▶ 製作說明

1. 泡芙形狀、大小須一致，每盤各三個。
2. 泡芙須烤熟，且成金黃色澤。
3. 餡料完成後需置冰箱冰冷。
4. 餡料濃稠度要適中，不可有顆粒狀。
5. 須以擠花袋（器）擠餡，餡與泡芙的比例要恰當。
6. 餡料不露出，且要撒上糖粉作裝飾。

▶ 製作步驟

步驟一：將奶油、水、鹽混合煮至沸騰，倒入麵粉攪拌成團。另取容器打勻蛋液（約 1.5~2 個蛋），慢慢加入後拌勻至糊化（拌起時，麵糊會慢慢流動成倒三角形）。

步驟二：將麵糊裝入擠花袋內，均勻擠於烤盤紙上，擠 6 粒，放入烤箱以 190 度烤約 20 分，再降溫至 100 度烤 10 分。（前 20 分切記勿開烤箱以防塌陷）

步驟三：將牛奶、砂糖、香草精、蛋黃、玉米粉拌勻，用中小火煮至濃稠，成為奶油餡，後蓋上保鮮膜入冰箱冰鎮至涼。再將冰涼過的餡料裝入擠花袋內，擠入泡芙內（餡料不露出），最後以糖粉裝飾即成。泡芙形狀大小需一致，每盤放三個。

301-E1
鮪魚沙拉三明治
Tuna fish salad sandwich

301-E2
雞肉清湯附蔬菜小丁
Chicken consommé with vegetable "brunoise"

301-E3
煎帶骨豬排附褐色洋菇醬汁
Pork chop in brown mushroom sauce
with turned carrots

301-E4
巧克力慕思
Chocolate mousse

🌿 題組總材料表

項目	名稱	數量
1	油漬鮪魚罐頭 (canned tuna fish)	250g
2	洋蔥 (onion)，約 250g／個	2 個
3	蛋黃醬 (mayonnaise)	300g
4	西芹菜 (celery)	300g
5	吐司麵包 (white bread)	8 片
6	酸黃瓜 (pickle)	30g
7	雞胸肉 (chicken breast)，約 400g	1 付
8	雞高湯 (chicken stock)	2 liter
9	胡蘿蔔 (carrot)，約 250g／條	2 條
10	青蒜苗 (leek)	300g
11	月桂葉 (bay leaf)	6 片
12	冰塊 (ice cube)	500g
13	奶油 (butter)	250g
14	白葡萄酒 (white wine)	300ml
15	鹽 (salt)	50g
16	白胡椒粉 (white pepper powder)	20g
17	黑胡椒粉 (black pepper powder)	20g
18	巧克力磚 (dark chocolate)	200g
19	洗選蛋 (egg)，約 50g／個	4 個
20	鮮奶油 (cream U.H.T.)	200g
21	白砂糖 (sugar)	50g
22	香草精或香草粉 (vanilla)	20ml／20g

項目	名稱	數量
23	蘭姆酒 (rum)	30ml
24	黑胡椒粒 (black peppercorn)	5g
25	帶骨豬排 (pork chop)，約 440g	1 塊
26	洋菇 (button mushroom)	200g
27	牛骨肉汁 (beef gravy)	300ml

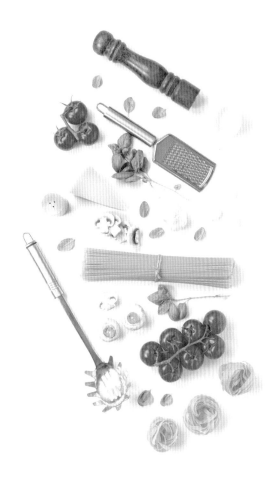

301-E1
鮪魚沙拉三明治
Tuna fish salad sandwich

🎩 材料
鮪魚罐 tuna fish / 160g
洋蔥 onion / 50g
蛋黃醬 mayonnaise / 100g
酸黃瓜 pickles / 30g
吐司麵包 white toast / 4 片
西芹菜 celery / 40g

🎩 備註
鹽及胡椒粉 seasoning ／適量

🎩 用具
混合盆一個、木杓一支、
沙拉盤二個

重 點 步 驟

西芹菜、酸黃瓜、洋蔥各別切末，擠乾水分（須戴手套，並以酒精噴灑手套消毒）

鮪魚去油瀝乾、壓碎拌勻備用。西餐刀、橡皮刮刀用酒精消毒

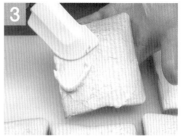

吐司抹上蛋黃醬

洋蔥碎、酸黃瓜碎、西芹菜碎、鮪魚以蛋黃醬調味拌勻

均勻抹在吐司上

堆疊三片為一份（最上層不抹醬），切除四邊吐司皮，再對切成三角形

▶ 製作說明

1. 材料切末要均勻，鮪魚去油瀝乾壓碎拌勻。
2. 蛋黃醬與其他材料之比例要適當，味道要適宜。
3. 吐司麵包不可烤過。
4. 三明治要切邊整齊，不可擠壓變形。
5. 三明治的組織要飽滿，內餡不可流出，不可有出油現象。

▶ 製作步驟

步驟一：用熟食處理（必須戴衛生手套，並以酒精噴灑手套消毒），將材料（西芹菜、酸黃瓜、洋蔥）切末要均勻，並擠乾水分。

步驟二：鮪魚去油瀝乾壓碎攪拌均勻備用。西餐刀、橡皮刮刀用酒精消毒。

步驟三：吐司麵包先抹上蛋黃醬，再準備一容器將鮪魚、洋蔥碎、酸黃瓜碎、西芹菜碎、蛋黃醬及鹽、胡椒粉混合攪拌均勻。

步驟四：將鮪魚沙拉均勻塗抹在吐司上，堆疊三片為一份，最上層不抹醬（吐司不可烤過、不可擠壓變型），再切除四邊，對切成三角形。

雞肉清湯附蔬菜小丁

Chicken consommé with vegetable "brunoise"

🍳 材料

雞胸肉 chicken meat / 400g
雞高湯 chicken stock / 1,400c.c.
月桂葉 bay leaf / 2pc
洋蔥 onion / 50g
冰塊 ice cube / 100g
雞蛋 egg / 3ea
調味用蔬菜 mirepoix
（胡蘿蔔 carrot / 120g
蒜苗 green leek / 80g
西芹菜 celery / 120g）

🍳 備註

調味用蔬菜須分成兩份，一份切碎，一份切丁

🍳 用具

湯鍋一個、混合盆一個、木杓一支、三角濾網一個、過濾布一張、湯碗二套

重 點 步 驟

雞胸肉去油切成泥,與調味蔬菜碎、蛋白、月桂葉、胡椒粒混合拌勻

加入冰塊拌勻。另將洋蔥切 1cm 厚圓片,用生鐵鍋作焦化洋蔥

雞高湯煮滾後,將雞肉丸放入,煮至蛋白浮起凝聚後改小火並入焦化洋蔥小火慢煮,煮至湯汁變茶褐色熄火(約 1.5 小時)

降溫後用濾布過濾雞高湯

蒜苗、胡蘿蔔、洋蔥、西芹菜切丁,依序殺菁至熟,濾乾水分後,放入雞清湯中煮滾調味

盛盤即成(不可有浮油)

▶ 製作說明

1. 各種蔬菜刀工須整齊一致呈小方丁(0.3cm 正方,brunoise)。
2. 材料的拌合要有冰塊。
3. 調煮清湯要注意溫度,應以小火烹煮。
4. 湯汁應清澈無雜質且呈淡褐色,表面不可有浮油。
5. 湯汁調味不可用胡椒粉。

▶ 製作步驟

步驟一:雞胸肉去油切成泥,調味蔬菜切碎,月桂葉、蛋白、胡椒粒拌均勻後入冰塊拌勻,將其做成肉丸。切洋蔥做成焦化洋蔥備用。

步驟二:雞高湯煮滾後,再入雞肉丸,煮至蛋白浮起凝聚後改小火並入焦化洋蔥片。煮至湯汁變茶褐色熄火(約 1.5 小時)降溫後用濾布過濾。

步驟三:一份調味蔬菜(胡蘿蔔、洋蔥、西芹菜、蒜苗)刀工須整齊一致呈小方丁(0.3cm 正方)。準備一個單手鍋殺菁蔬菜小丁。

步驟四:將雞清湯倒回鍋中加熱、並放入殺菁的蔬菜小丁,最後調味即可(湯汁調味不可有胡椒粉)。

301-E3

煎帶骨豬排附褐色洋菇醬汁

Pork chop in brown mushroom sauce with turned carrots

👨‍🍳 **材料**

帶骨豬排 pork chop / 2 片
雞骨肉汁 chicken gravy / 300c.c.
洋菇 button mushroom / 200g
洋蔥 onion / 60g
奶油 butter / 60g
鮮奶油 cream U.H.T. / 60c.c.
雞高湯 chicken stock / 320c.c.
白葡萄酒 white wine / 90c.c.
胡蘿蔔 carrot / 250g
鹽及胡椒 seasoning ／適量

👨‍🍳 **用具**

平底鍋一個、調味醬煮鍋一
個、木杓一支、主餐盤二個

豬排沿骨頭邊切開不切斷、去筋膜；洋蔥切碎；洋菇去除少許蒂頭，切成片狀

切好的豬排蓋上保鮮膜拍打均勻，再以白酒、鹽、胡椒粉醃漬放入冰箱冷藏備用

胡蘿蔔削成橄欖形，用雞高湯、奶油、鹽煮至熟透，撈出備用

熱鍋將豬排沾少許麵粉煎至兩面呈金黃色，淋上白酒、雞高湯進烤箱烤熟（約 8~10 分）

熱鍋將洋蔥碎、洋菇炒香，入白酒及雞骨肉汁濃縮，入鮮奶油（約 1 匙）濃縮，調味

將烤熟豬排、胡蘿蔔盛盤，淋上醬汁即成

▶ 製作說明

1. 切帶骨豬排要正確，刀工要均勻，洋菇片厚薄要一致。
2. 豬排不可煎焦，成品須全熟。
3. 醬汁的洋菇須炒過，色澤不可過深，且不可油水分離。
4. 胡蘿蔔要呈橄欖形並以雞高湯煮熟。

▶ 製作步驟

步驟一：豬排去筋膜再隔保鮮膜拍打（骨頭邊緣劃刀，煎時較易熟）以白酒及調味料醃漬冷藏備用。洋蔥切碎。切洋菇片厚薄一致、刀工均勻。

步驟二：胡蘿蔔削成橄欖形以雞高湯、奶油、鹽煮熟撈出備用。

步驟三：熱鍋將豬排兩面煎金黃色並淋上白酒及雞高湯，進烤箱以 200 度烤約 8~10 分（豬排不可煎焦，成品須全熟）備用。

步驟四：取平底鍋炒香洋蔥碎及洋菇片後、撒上白酒（白酒有酸性需蒸發）及雞骨肉汁後，再入鮮奶油（約 1 匙）濃縮，調味（色澤不可過深色，且不可油水分離）即可。

步驟五：裝盤時擺上豬排，用胡蘿蔔做裝飾，最後淋上洋菇醬汁即可。

301-E4

巧克力慕思
Chocolate mousse

👨‍🍳 材料

巧克力 dark chocolate / 150g
蛋 egg / 4ea
香草精或香草粉 vanilla / 5c.c.
鮮奶油 cream U.H.T. / 100c.c.
白砂糖 sugar / 30g
蘭姆酒 rum wine / 15c.c.

👨‍🍳 用具

混合盆一個、打蛋器一個、
刮刀一支、雞尾酒杯二個

 重　點　步　驟

巧克力切碎隔水加熱（約 45 度）融化，不可過久出油

鮮奶油加白砂糖隔冰塊水打發

蛋白加白砂糖打發

蛋黃、蘭姆酒、白砂糖、香草精隔水加熱打發

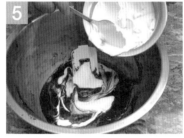
巧克力降溫至 30 度左右，依序加入打發蛋黃（分 2~3 次）拌勻，入打發蛋白、打發鮮奶油，每加入一種就拌勻一次至全部均勻

裝入擠花袋內，擠在雞尾酒杯上即成

▶ 製作說明

1. 需隔水加熱融化巧克力，且不可出油。
2. 蛋白、蛋黃須分開與鮮奶油各自打發，糖需融化。
3. 蛋、鮮奶油融合時須注意溫度，不可有凝固現象。
4. 表面有光亮色澤並呈淡褐色。
5. 需有置冰箱冷藏的動作。
6. 成品須裝於雞尾酒杯上且須冰涼。

▶ 製作步驟

步驟一： 先將巧克力切碎、並隔水加熱（約 45 度）融化備用，不可過久出油。
步驟二： 將鮮奶油加白砂糖隔冰塊水打發，蛋白加白砂糖打發。
步驟三： 準備鋼盆將蛋黃、蘭姆酒、白砂糖、香草精隔水加熱打發，打至變膨發（使其發泡）而且打蛋器提起後不會滴落。
步驟四： 再取出融化巧克力降溫至約 30 度，依序將蛋黃分成 2~3 次入融化的巧克力攪拌均勻後，再入打發蛋白拌勻，再入打發鮮奶油微攪拌均勻後裝擠花袋即可。

302-A1
炒蛋附脆培根及番茄
Scrambled egg garnished with crispy bacon and tomato

302-A2
翠綠沙拉附藍紋乳酪醬
Green salad served with blue cheese dressing

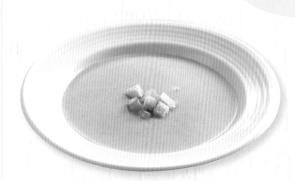

302-A3
蒜苗馬鈴薯冷湯
Vichyssoise (potato and leek chilled soup)

302-A4
原汁烤全雞附煎烤馬鈴薯
Roasted chicken au jus with potato cocotte

題組總材料表

項目	名稱	數量	項目	名稱	數量
1	奶油 (butter)	200g	25	香芹 (parsley)	50g
2	洗選蛋 (egg)，約 50g ／個	10 個	26	鹽 (salt)	50g
3	鮮奶油 (cream U.H.T.)	100ml	27	白胡椒粉 (white pepper powder)	20g
4	蘿蔓萵苣 (romaine lettuce)	120g	28	黑胡椒粉 (black pepper powder)	20g
5	結球萵苣 (iceberg lettuce)	120g	29	棉線 (string)	2m
6	小黃瓜 (baby cucumber)	80g			
7	酸奶油 (sour cream)	60g			
8	藍乳酪 (blue cheese)	120g			
9	蛋黃醬 (mayonnaise)	120g			
10	蒜頭 (garlic)	30g			
11	光雞 (whole chicken)，約 1.5kg ／隻	1 隻			
12	洋蔥 (onion)，約 250g ／個	1 個			
13	西芹菜 (celery)	100g			
14	胡蘿蔔 (carrot)	100g			
15	青蒜苗 (leek)	200g			
16	培根 (bacon)	100g			
17	馬鈴薯 (potato)，約 250g ／個	6 個			
18	紅番茄 (red tomato)，約 150g ／個	1 個			
19	白吐司麵包 (white bread)	2 片			
20	雞高湯 (chicken stock)	1 liter			
21	荳蔻粉 (nutmeg)	2g			
22	迷迭香 (rosemary)	5g			
23	百里香 (thyme)	2g			
24	月桂葉 (bay leaf)	3 片			

炒蛋附脆培根及番茄

Scrambled egg garnished with crispy bacon and tomato

👨‍🍳 材料

奶油 butter / 40g
雞蛋 egg / 6ea
鹽 salt ／適量
鮮奶油 cream U.H.T. / 40c.c.
培根 sliced bacon / 100g
番茄 ripe tomato / 1ea

👨‍🍳 用具

鋼盆一個、打蛋器一支、平底鍋一個、過濾網一個、木匙一支、餐盤二個

重點步驟

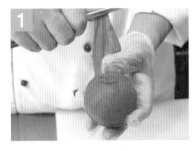

番茄去蒂，在尾部劃十字形，放入滾水中川燙（約 20 秒），撈起冰鎮去皮，再切成 8 塊

培根對切，以烤箱烤脆或煎至酥脆後吸去多餘的油盛盤

使用衛生規定法打蛋，加入鮮奶油、鹽拌勻，過濾後（蛋液均勻無雜質）分成兩份

熱鍋以奶油炒香番茄並調味盛盤

熱鍋以奶油炒蛋液至熟（組織不焦黃、不乾燥，外表光滑細緻）盛盤

盛盤即成

▶ 製作說明

1. 蛋液均勻無雜質（蛋殼）。
2. 注意火候要適中，炒蛋不焦黃組織不乾燥。
3. 外表光滑細嫩，不油膩。
4. 培根要酥脆，不焦不軟。
5. 番茄要有煎及調味的動作。

▶ 製作步驟

步驟一： 番茄去蒂，尾部劃十字形，以滾水川燙（約 15~20 秒），撈起冰鎮去皮，切成 8 塊。

步驟二： 將培根對切，煎到酥脆或烤箱烤脆後，用紙巾吸油盛盤。

步驟三： 準備扣碗，要按衛生規定法打蛋，再把雞蛋與鮮奶油攪拌均勻調味，並過濾網過濾蛋液（均勻無雜質）分成兩份備用（三顆蛋為一份）。

步驟四： 熱鍋奶油炒香番茄並調味，熱鍋奶油 30g 燒熱融化後倒入蛋液，注意火候要適中，快速炒至凝固的狀態要熟成，外表光滑細嫩不油膩。

步驟五： 裝盤時炒蛋附上培根、奶油、煎番茄做裝飾即可。

翠綠沙拉附藍紋乳酪醬
Green salad served with blue cheese dressing

👨‍🍳 **材料**

蘿蔓萵苣 romaine lettuce / 120g
結球萵苣 iceberg lettuce / 120g
小黃瓜 baby cucumber / 80g
藍紋乳酪 blue cheese / 40g
酸奶油 sour cream / 30g
蛋黃醬 mayonnaise / 50g
蒜頭 garlic / 15g
鹽及胡椒粉 seasoning ／適量
雞高湯 chicken stock / 50c.c.

👨‍🍳 **用具**

混合盆一個、木杓一支、沙
拉盤二個、調味醬盅二個

1 蒜頭切碎，小黃瓜洗淨切片，蘿蔓萵苣切除粗根後切段，結球萵苣切段

2 小黃瓜、蘿蔓和結球萵苣以冰塊加礦泉水冰鎮後濾出放保鮮盒入冰箱備用（水分瀝乾，需有生脆口感及翠綠觀感）

3 藍紋乳酪壓碎，和蒜碎拌勻

4 加入蛋黃醬、酸奶油、雞高湯調味拌勻

5 藍紋乳酪醬盛入醬汁盅

6 將冰鎮後的蘿蔓萵苣、結球萵苣、小黃瓜擺盤即成（不限擺盤方式）

▶ 製作說明

1. 萵苣、小黃瓜刀工大小均勻一致。
2. 沙拉水分要瀝乾，要有生脆口感與翠綠觀感。
3. 乳酪醬汁的濃稠度要適中。
4. 醬汁須另附，不可淋上。

▶ 製作步驟

步驟一：食材需用熟食處理（須戴衛生手套），將蒜頭切碎末、小黃瓜洗淨切片（刀工大小均勻）、蘿蔓萵苣洗淨切除粗根後切段、結球萵苣洗淨切段。

步驟二：小黃瓜、蘿蔓及結球萵苣用冰塊加礦泉水冰涼濾出再放保鮮盒進冰箱備用（水分瀝乾，需有生脆口感及翠綠觀感）。

步驟三：藍紋乳酪壓碎放進蒜碎攪拌均勻，再放蛋黃醬、酸奶油、雞高湯，調味攪拌均勻成藍紋乳酪醬（濃稠度要適中）。

步驟四：將冰鎮後的小黃瓜、蘿蔓及結球萵苣擺盤（沙拉不可出水）。

蒜苗馬鈴薯冷湯

Vichyssoise (potato and leek chilled soup)

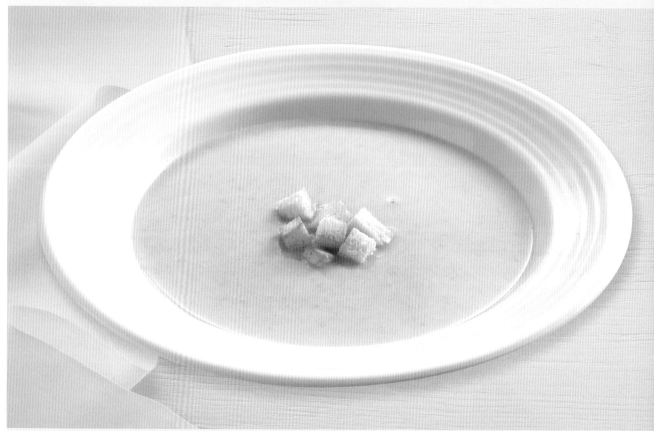

材料

奶油 butter / 60g
鮮奶油 cream U.H.T. / 80c.c.
馬鈴薯 potato / 250g
蒜苗 leek / 100g
雞高湯 chicken stock / 600c.c.
鹽及胡椒粉 seasoning ／適量
香芹 parsley / 10g
荳蔻粉 nutmeg / 2g
培根 bacon / 30g
白吐司麵包 white bread / 1pc

用具

湯鍋一個、果汁機一部、過濾網一個、湯杓一支、湯盤二個

重點步驟

1
吐司去邊切丁，烤成金黃色

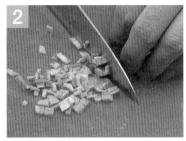

2
青蒜苗切片（絲）、洋蔥切
絲、馬鈴薯去皮切片、培根切
小丁

3
熱鍋奶油放入培根炒香，入
洋蔥、蒜苗絲、馬鈴薯片炒
香，入雞高湯、荳蔻粉燉煮
約 20 分（馬鈴薯需煮爛）

4
隔冰水降溫，湯碗須先冰冷

5
以果汁機打成漿湯，回鍋加
熱，入鮮奶油拌勻調味，再次
隔冰水降溫後放入冰箱

6
盛碗附上烤好麵包丁即成

▶ 製作說明

1. 要趁熱將湯體打成漿。
2. 打漿後要回鍋煮開再冷卻。
3. 湯碗須先冰冷。
4. 麵包丁或香芹作裝飾。
5. 鮮奶油與湯的比例要恰當。

▶ 製作步驟

步驟一： 白吐司麵包去邊後切丁狀放入烤箱，以 180 度約 10~12 分烤至上色。（若使用
香芹當裝飾則切碎並以衛生手法擠乾備用）。

步驟二： 青蒜苗切片（絲）、洋蔥切絲、馬鈴薯去皮切片、培根切小丁。

步驟三： 熱鍋用奶油將培根炒香後加入洋蔥絲、蒜苗絲炒香，入馬鈴薯片拌炒後再入雞
高湯、荳蔻粉煮至馬鈴薯成泥狀（約 20 分），隔冰水降溫。（湯碗須先冰冷）

步驟四： 用果汁機打成漿再倒回鍋加熱，後加鮮奶油（鮮奶油與湯比例要恰當）調味拌
均勻熄火，再次隔冰水降溫放入冰箱。

步驟五： 盛碗灑上麵包丁（或香芹碎）後以冷湯方式呈上。

原汁烤全雞附煎烤馬鈴薯

Roasted chicken au jus with potato cocotte

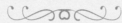

材料

光雞 whole chicken / 1 隻
月桂葉 bay leaf / 2pc
百里香 thyme / 2g
迷迭香 rosemary / 2g
馬鈴薯 potato / 2ea
鹽及胡椒粉 seasoning ／適量
奶油 butter / 80g
棉線 cotton string / 1 條

調味用蔬菜 mirepoix
（胡蘿蔔 carrot / 100g
西芹菜 celery / 80g
青蒜苗 green leek / 80g
洋蔥 onion / 120g）

用具

烤盤一個、調味醬煮鍋一個、棉線二公尺、餐盤二個、平底鍋一個、焗皿一個

 重點步驟

調味蔬菜切大丁，加上月桂葉、百里香、迷迭香，馬鈴薯削成橄欖形，每盤三個

部分調味蔬菜塞入雞腹中，取棉線綁住雞屁股，繞綁雞腿再繞回雞屁股處打結

雞胸朝上，入馬鈴薯刷上奶油進烤箱烤 60 分，隔 10 分翻面並刷上烤盤上的油汁，烤至全雞金黃色熟透

切斷棉線，從雞胸切開到底部，取出背骨及胸骨後對切

原汁 (au jus)：將烤盤上的調味蔬菜及雞骨架入鍋，加高湯燉煮 20 分後去除浮油過濾

雞肉盛盤淋上原汁，並將烤好的馬鈴薯盛放在焗皿上

▶ **製作說明**

1. 棉線綁雞手法要正確。
2. 全雞烤成金黃色澤，不可焦黑。
3. 烤盤取出烤物後要有去渣 (deglaze) 動作。
4. 要用烤雞鍋內的肉汁調製濃稠度適當的醬汁，切忌加入麵粉。
5. 全雞要去背骨及胸骨後對切裝盤。
6. 煎烤馬鈴薯刀工及烹調法（焗皿）要正確。
7. 煎烤馬鈴薯每盤各三個。

▶ **製作步驟**

步驟一：調味蔬菜切大丁，馬鈴薯削成橄欖形。

步驟二：光雞洗淨剁掉雞頭、雞爪，雞翅留雞翅根（取二節雞翅），以調味料抹勻，部分調味蔬菜、月桂葉、百里香及迷迭香入雞腹後用棉線捆好。剩餘調味蔬菜鋪在烤盤上。

步驟三：雞胸朝上，馬鈴薯刷上奶油，200 度烤至金黃色（約 60 分），隔 10 分翻面，須邊烤邊刷上烤盤上的油汁，烤成金黃色澤不可焦黑。烤盤取出烤物要去渣，剔去背骨及胸骨後對切。原汁：要用烤雞鍋內的肉汁、雞骨架及墊底蔬菜加高湯燉煮 20 分，去除浮油過濾。雞肉裝盤淋上醬汁（馬鈴薯需裝在焗皿內）。

302-B1
煎烤火腿乳酪三明治
Griddled ham and cheese sandwich

302-B2
尼耍斯沙拉
Nicoise salad

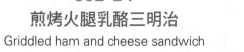

302-B3
奶油青花菜濃湯
Cream of broccoli soup

302-B4
乳酪奶油焗鱸魚排附水煮馬鈴薯
Seabass fillet a la mornay with boiled potatoes

題組總材料表

項目	名稱	數量	項目	名稱	數量
1	吐司麵包 (white bread)	4 片	24	雞高湯 (chicken stock)	2 liter
2	洋火腿 (ham)，約 100g／片	2 片	25	結球萵苣 (iceberg lettuce)	150g
3	葛利亞乳酪 (gruyere cheese)	120g	26	蘿蔓萵苣 (romaine lettuce)	150g
4	奶油 (butter)	200g	27	鹽 (salt)	50g
5	油漬鮪魚罐 (canned tuna fish)	250g	28	白胡椒粉 (white pepper powder)	20g
6	酸豆 (caper)	15g	29	黑胡椒粉 (black pepper powder)	20g
7	鯷魚 (anchovy)	10g	30	香芹 (parsley)	20g
8	四季豆 (green bean)	60g			
9	白酒醋 (white wine vinegar)	30ml			
10	黑橄欖 (black olive)	30g			
11	橄欖油 (olive oil)	60ml			
12	紅番茄 (tomato)，約 150g／個	1 個			
13	高筋麵粉 (bread flour)	150g			
14	牛奶 (milk)	500ml			
15	雞蛋 (egg)，約 50g／個，洗選蛋	2 個			
16	鱸魚 (seabass)，約 800g／條	1 條			
17	白葡萄酒 (white wine)	100ml			
18	巴美乳酪粉 (parmesan cheese)	20g			
19	鮮奶油 (cream U.H.T.)	250ml			
20	培根 (bacon)	50g			
21	馬鈴薯 (potato)，約 250g／個	3 個			
22	洋蔥 (onion)，約 250g／個	1 個			
23	青花菜 (broccoli)	350g			

302-B1

煎烤火腿乳酪三明治

Griddled ham and cheese sandwich

👨‍🍳 **材料**

吐司麵包 white bread / 4pc
葛利亞乳酪 gruyere cheese / 60g
洋火腿片 ham square / 80g
奶油 butter / 80g

👨‍🍳 **用具**

平底鍋一支、餐盤二個、煎鏟一支

重　點　步　驟

吐司塗抹奶油

熱鍋放入奶油,將吐司煎至兩面呈金黃色

兩片吐司上面放入葛利亞乳酪及火腿

入烤箱烤至葛利亞乳酪變軟化

趁熱將兩片吐司闔起來(需黏住)

縱切成兩塊後盛盤即成

▶ 製作說明

1. 火腿、乳酪之大小要一致。
2. 吐司麵包須抹過奶油。
3. 乳酪要呈融化狀。
4. 吐司麵包色澤要呈金黃色,不可焦黑。
5. 成品每盤切成長方形二片。

▶ 製作步驟

步驟一:火腿與葛利亞乳酪修成大小一致的片狀,吐司雙面抹過奶油。
步驟二:熱鍋入奶油將兩片吐司雙面煎成金黃色,後放上火腿、葛利亞乳酪。
步驟三:進烤箱 250 度烤至葛利亞乳酪軟化,最後趁熱將兩片闔起成三明治。
步驟四:將成品縱切成長方形二片擺盤。

尼耍斯沙拉
Nicoise salad

材料

馬鈴薯 potato / 100g
四季豆 green bean / 60g
鮪魚罐 tuna fish / 140g
黑橄欖 black olive / 30g
酸豆 caper / 15g
番茄 tomato / 1ea
鯷魚 anchovy / 10g
蛋 egg/2ea
白酒醋 white wine vinegar /
30c.c.
橄欖油 olive oil / 60c.c.

結球萵苣 iceberg lettuce /
120g
蘿蔓萵苣 romaine lettuce /
120g

用具

湯鍋一個、混合鋼盆一個、
木匙一支、沙拉盤二個

重 點 步 驟

1

四季豆切約 6cm 段、川燙至熟後沖涼，蛋煮熟切成蛋角，黑橄欖切片，馬鈴薯煮熟去皮切成長條狀，番茄去皮切成角狀備用

2

蘿蔓去除中間粗梗及結球萵苣切片或用手撥成片用礦泉水冰鎮（約 10 分）後，瀝乾水分盛盤

3

鮪魚罐頭去油瀝乾，再將沙拉的食材依序擺盤

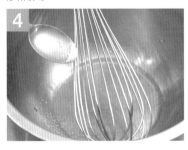

4

橄欖油及鹽、胡椒粉入鋼盆內打勻

5

慢慢加入白酒醋打勻至濃稠

6

盛入醬汁盅即成

▶ 製作說明

1. 蔬菜刀工要一致。
2. 四季豆要殺菁，萵苣、番茄不可出水。
3. 馬鈴薯不可太熟爛。

▶ 製作步驟

步驟一：按衛生規定法做熟食處理，四季豆撕去纖維再切約 6cm 長且川燙熟再沖水冷卻。水煮蛋剝殼切蛋角。黑橄欖兩邊修平一粒切 4 片。馬鈴薯煮熟（不可太熟爛）去皮後切長條狀。番茄去皮切一開六（切角狀）。

步驟二：蘿蔓萵苣去除中間粗梗及結球萵苣切片（或撥成片）用礦泉水及冰塊冰鎮約 10 分瀝乾水分備用。鮪魚罐去油瀝乾。

步驟三：鋼盆放橄欖油、入調味料並用打蛋器打發，同時調白酒醋比率（橄欖油：白酒醋＝ 3:1）。打勻至濃稠。

步驟四：擺盤時結球、蘿蔓萵苣墊底，蛋分置三邊再分別擺上馬鈴薯條、四季豆、黑橄欖、番茄角、鮪魚及鯷魚等，最後灑上酸豆即可（油醋需要另附、不可淋上，沙拉不可出水）。

302-B3

奶油青花菜濃湯
Cream of broccoli soup

🍳 **材料**

青花菜 broccol / 350g
培根 bacon / 50g
馬鈴薯 potato / 120g
洋蔥 onion / 60g
鮮奶油 cream U.H.T. / 80c.c.
奶油 butter / 50g
鹽及胡椒 seasoning ／適量
雞高湯 chicken stock / 600c.c.

🍳 **用具**

湯鍋一個、木杓一支、果汁
機一部、湯杓一支、湯盤二個

重 點 步 驟

將青花菜綠色部分切下備用，
莖削去外皮切成片狀備用

培根切碎，馬鈴薯切片，洋蔥
切絲與青花菜擺放在一起備用

熱鍋奶油炒培根至香，加入
洋蔥及青花菜炒軟，放入馬
鈴薯拌炒，再加雞高湯熬煮
約 20 分

隔冰塊冰鎮降溫

入果汁機中打成漿湯，回鍋煮
滾後調味，再加入鮮奶油

盛入碗中即成

▶ 製作說明

1. 青花菜及其他蔬菜須煮熟透。
2. 鮮奶油不可與蔬菜共煮。
3. 湯體要打成泥漿狀。
4. 打漿後要回鍋煮開後，加鮮奶油。
5. 湯的濃稠度要適中，不可加入麵粉。
6. 濃湯外觀呈淡綠色澤。

▶ 製作步驟

步驟一：將青花菜綠色部分切下、莖去皮切片備用（亦可川燙青花菜泡冷水冷卻備
用）。培根切碎（或細絲）。馬鈴薯切小片。洋蔥切絲。

步驟二：取鍋加奶油將培根炒香脆，再放入洋蔥及青花菜炒軟後再入馬鈴薯拌炒後，加
雞高湯約 600c.c.，用小火熬煮約 20 分後隔冰塊冰鎮降溫。

步驟三：再將上述材料以果汁機打成泥漿狀，再倒回鍋中用小火滾煮後加入鮮奶油調味
攪拌均勻。

302-B4

乳酪奶油焗鱸魚排附水煮馬鈴薯
Seabass fillet a la mornay with boiled potatoes

👨‍🍳 材料

鱸魚 seabass / 1 隻
白葡萄酒 white wine / 90c.c.
鹽及胡椒粉 seasoning ／適量
奶油 butter / 40g
麵粉 bread flour / 20g
牛奶 fresh milk / 40c.c.
葛利亞乳酪 gruyere cheese / 60g
巴美乳酪粉 parmesan cheese / 40g
鮮奶油 cream U.H.T. / 120c.c.
馬鈴薯 potato / 2ea

👨‍🍳 備註

香芹 parsley / 10g
沙拉油 salad oil / 30c.c.

👨‍🍳 用具

派盤或烤盤一個、調味醬煮鍋一個、打蛋器一支、主餐盤二個

126

重 點 步 驟

馬鈴薯以冷水入鍋煮至熟軟（約 10 分）撈起，入奶油、胡椒、鹽、香芹碎拌炒後盛盤

鱸魚取菲力去皮，以白酒、鹽、胡椒醃漬後入冰箱冷藏，葛利亞乳酪切末備用

沾少許麵粉入鍋煎至兩面呈金黃色，再加入白酒略煮，入烤箱烤熟後盛盤

入奶油、麵粉、牛奶、魚高湯、鮮奶油、巴美乳酪粉、葛利亞乳酪碎，熬煮至濃稠調味

將煮好的醬汁淋在煎好的鱸魚片上，撒上葛利亞乳酪、巴美乳酪粉，入烤箱烤成金黃色

放上酒桶形馬鈴薯即成

▶ 製作說明

1. 鱸魚要去骨、皮等處理要乾淨。
2. 鱸魚處理後未即時烹調前要適當冷藏。
3. 鱸魚要煎上色，且魚菲力要完整。
4. 要用魚高湯烹調出乳酪奶油醬，且濃稠度要適中。
5. 成品要焗出金黃色澤。
6. 水煮馬鈴薯形狀（酒桶狀）大小要一致且有香芹碎裝飾。

▶ 製作步驟

步驟一：將香芹切碎並用衛生手法擠乾。將馬鈴薯削成酒桶狀，以冷水入鍋煮至熟軟（約 10 分）撈起，入奶油、香芹碎、調味料拌炒盛盤。葛利亞乳酪切末備用。

步驟二：鱸魚取魚菲力去皮、不碎裂，以白酒、鹽、胡椒醃漬冷藏（魚湯要自己熬）。

步驟三：魚菲力沾上薄麵粉，將魚煎兩面呈金黃色且魚菲力要完整。

步驟四：莫納白醬：放奶油→麵粉→牛奶→魚高湯→鮮奶油→巴美乳酪粉→葛利亞乳酪→煮滾後轉小火微煮約 5~6 分至葛利亞乳酪融化且濃稠度適中再調味。

步驟五：魚菲力擺盤再淋上莫納白醬並灑上巴美乳酪粉、葛利亞乳酪，用明火烤箱烤至金黃色盛盤，並附上馬鈴薯做裝飾。

302-C1
蛋黃醬通心麵沙拉
Macaroni salad with mayonnaise

302-C2
蔬菜絲雞清湯
Chicken consommé a la julienne

302-C3
煎豬排附燜紫高麗菜
Pan fried pork loin with braised red cabbage

302-C4
焦糖布丁
Crème caramel

🌿 題組總材料表

項目	名稱	數量
1	月桂葉 (bay leaf)	3 片
2	雞蛋 (egg)，約 50g／個，洗選蛋	6 個
3	奶油 (butter)	100g
4	通心麵 (macaroni)	90g
5	西芹菜 (celery)	100g
6	青椒 (green pepper)	100g
7	紅甜椒 (red pepper)	100g
8	蒜頭 (garlic)	15g
9	蛋黃醬 (mayonnaise)	150ml
10	雞高湯 (chicken stock)	2 liter
11	雞肉 (chicken meat)	500g
12	紫高麗菜 (red cabbage)	350g
13	豬里脊（肌）(pork loin)	400g
14	蘋果 (apple)，約 250g／個	1 個
15	胡蘿蔔 (carrot)	100g
16	青蒜苗 (leek)	100g
17	洋蔥 (onion)，約 250g／個	1 個
18	香芹 (parsley)	20g
19	白酒醋 (white wine vinegar)	80ml
20	白葡萄酒 (white wine)	100ml
21	白砂糖 (sugar)	240g
22	檸檬 (lemon)，約 100g／個	1 個
23	牛奶 (milk)	500ml
24	香草精或香草粉 (vanilla)	5g
25	鹽 (salt)	50g

項目	名稱	數量
26	白胡椒粉 (white pepper powder)	20g
27	黑胡椒粉 (black pepper powder)	20g
28	白砂糖 (sugar)	60g
29	冰塊 (ice cube)	500g

蛋黃醬通心麵沙拉

Macaroni salad with mayonnaise

🍳 材料

通心麵 macaroni / 90g
西芹菜 celery / 40g
洋蔥 onion / 50g
青椒 green pepper / 60g
紅甜椒 red pepper / 60g
大蒜 garlic / 15g
蛋黃醬 mayonnaise / 80g
鹽及胡椒粉 seasoning／適量

🍳 用具

湯鍋一個、混合鋼盆一個、木杓一支，沙拉盤或湯盤二個

重 點 步 驟

1. 洋蔥、蒜頭切碎,西芹菜去皮及粗莖,與青椒、紅甜椒切成約 1cm 正方丁

2. 熱鍋滾水放入紅甜椒、青椒、西芹菜川燙(約 10 秒)快速撈起

3. 用礦泉水、冰塊沖泡至冷

4. 通心麵入鍋煮 8 分撈起,用礦泉水、冰塊沖泡至冷,與蔬菜丁一同瀝乾水分

5. 通心麵、青椒、紅椒、西芹菜、洋蔥碎、蒜碎加入蛋黃醬調味拌勻

6. 盛盤即成

▶ 製作說明

1. 蔬菜刀工要一致。
2. 西芹菜要川燙 (blanching)。
3. 通心麵熟度要八分熟 (al dente)。
4. 沙拉須冰冷且不可出水。

▶ 製作步驟

步驟一:將洋蔥、蒜頭切碎。西芹菜去皮及粗莖,與青椒、紅甜椒切 1cm 正方丁(菜刀工一致)。

步驟二:取單手鍋燒滾熱水,將食材(西芹菜、紅甜椒、青椒)川燙約 10 秒,再沖礦泉水、冰塊冷卻瀝乾備用。

步驟三:備單手鍋燒滾水將通心麵加入煮至 8 分熟撈起再沖礦泉水、冰塊冷卻瀝乾備用。

步驟四:備容器將通心麵加入上述各項材料、蛋黃醬、調味料攪拌均勻即可。沙拉須冰冷且不可出水。

蔬菜絲雞清湯

Chicken consommé a la julienne

🎩 材料

雞肉 chicken breast meat / 500g
雞高湯 chicken stock / 1,400c.c.
雞蛋 egg / 3ea
蔬菜絲／適量
冰塊 ice cube / 100g
鹽 salt ／適量
調味用蔬菜 mirepoix
（百里香 thyme / 1g
青蒜苗 leek / 70 g
胡蘿蔔 carrot / 90g
月桂葉 bay leaf / 2 片
西芹菜 celery / 70g

洋蔥 onion / 140g ）

🎩 備註

調味用蔬菜須分成 2 份，1
份切碎，1 份切絲
白胡椒粒 pepper corn / 2g

🎩 用具

湯鍋一個、湯杓一支、過濾
網或過濾布、湯碗二個

重 點 步 驟

1 洋蔥切圈（1cm 厚圓片）乾煎成焦化洋蔥

2 洋蔥、西芹菜、胡蘿蔔、蒜苗切成細絲，調味蔬菜切碎。雞肉去油切成泥，與調味蔬菜碎、冰塊、蛋白、百里香、月桂葉、白胡椒粒拌勻成肉丸

3 取鍋入雞高湯約 1,400c.c. 煮滾後，再將雞肉丸放入，煮至蛋白浮起凝聚後改小火入洋蔥片小火慢煮至湯汁變茶褐色熄火（約 1.5 小時）降溫

4 降溫後用濾布濾出澄清雞湯

5 澄清雞湯回鍋加熱後，放入川燙好的蔬菜絲，用鹽調味

6 盛入碗中即成（不可有浮油）

▶ 製作說明

1. 雞肉剁末的動作要正確。
2. 蔬菜絲 (julienne) 刀工及大小要一致。
3. 湯汁要有清澈呈茶褐色澤，且表面不可有浮油。
4. 湯體要有蔬菜絲作配料，比例要恰當。

▶ 製作步驟

步驟一：洋蔥切成 1cm 厚圓片（用生鐵鍋，做焦化洋蔥用）。調味蔬菜切絲（刀工須一致）剩餘調味蔬菜切碎，將雞胸肉去油切成泥與調味蔬菜碎、月桂葉、蛋白、冰塊及白胡椒粒等攪拌均勻後將其做成肉丸。

步驟二：取鍋入雞高湯約 1,400c.c. 煮滾後，再將雞肉丸放入，煮至蛋白浮起凝聚後改小火入洋蔥片小火慢煮至湯汁變茶褐色熄火（約 1.5 小時）降溫後用濾布過濾出清澈雞湯。

步驟三：另準備一個單手鍋川燙蔬菜絲。將雞清湯倒回鍋中加熱、並放入川燙後的蔬菜絲，湯體要有蔬菜絲作配料、比例要恰當最後調味即可（湯汁調味不可有胡椒粉，不可有浮油）。

302-C3

煎豬排附燜紫高麗菜

Pan fried pork loin with braised red cabbage

🍳 **材料**

豬里脊（肌）pork loin / 300g
白葡萄酒 white wine / 80c.c.
鹽及胡椒粉 seasoning ／適量
紫高麗菜 red cabbage / 300g
蘋果 apple / 1ea
洋蔥 onion / 60g
月桂葉 bay leaf / 1pc
白酒醋 white wine vinegar /
40c.c.
奶油 butter / 40g

🍳 **用具**

平底鍋一支、燴鍋附蓋一
組、肉叉一支、夾子一支、
木匙一支

重 點 步 驟

1. 洋蔥去皮切細絲，蘋果去皮切細絲，紫高麗菜切細絲（刀工一致）泡水

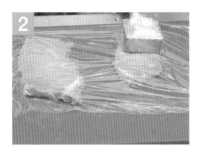

2. 豬排去筋後切成兩片，覆蓋保鮮膜用肉鎚拍鬆，以白酒、鹽、胡椒粉醃漬入冰箱

3. 熱鍋以奶油炒香洋蔥、紫高麗菜、蘋果絲炒軟，再入白酒醋炒香，倒入雞高湯後加蓋燜煮 20 分

4. 收汁後用奶油、胡椒、鹽調味並盛盤

5. 豬排沾少許麵粉煎至上色，加入白酒、雞高湯，進烤箱烤熟，將醃漬豬排的白酒倒入鍋中進行 deglaze（脫釉）

6. 盛盤後淋上 deglaze 後的醬汁，擺上紫高麗菜為配菜即可

▶ 製作說明

1. 豬排刀工厚薄要均勻，大小一致，分量一片 (150g)，紋路正確。
2. 紫高麗菜絲刀工粗細大小一致。
3. 豬排烹調前須用白葡萄酒醃漬過。
4. 紫高麗菜要燜煮於鍋內，色澤呈暗紫亮色。
5. 豬排要煎上色且全熟。

▶ 製作步驟

步驟一：將洋蔥及蘋果去皮切絲，紫高麗菜切絲（刀工粗細大小一致）泡水。
步驟二：豬排去筋後切成兩片，需厚薄均勻，用白酒、鹽、胡椒粉醃漬入冰箱備用。
步驟三：取鍋放奶油將洋蔥炒香後、依序入紫高麗菜絲及蘋果絲炒軟，再入白酒醋炒香，倒入雞高湯後加蓋熬煮約 20 分。收汁後以奶油、胡椒、鹽調味。
步驟四：豬排沾少許麵粉煎上色，入白酒、雞高湯，入烤箱以 200 度烤 8~10 分至熟。
步驟五：將醃漬豬排的白酒倒入鍋中，進行 deglaze（脫釉）後將豬排置於盤中淋上 deglaze 後的醬汁，擺上紫高麗菜為配菜即可。

302-C4

焦糖布丁

Crème caramel

🎩 材料

白砂糖 sugar / 115g
檸檬汁 lemon juice / 10c.c.
水 water / 35c.c.
牛奶 fresh milk / 250c.c.
雞蛋 egg / 3ea
香草精或香草粉 vanilla / 3c.c.

🎩 用具

布丁模四個、烤盤一個、
混合鋼盆一個、打蛋器一
個、沙司鍋一個、點心盤
二個

重點步驟

熱鍋炒白砂糖至成為焦糖蜜汁，加入事先擠好的檸檬汁及水拌勻，倒入布丁模中

將雞蛋、香草精、白砂糖拌勻，加入加溫至 40 度左右的牛奶，過濾後再次倒入布丁杯模裡（約 8 分滿）

隔水（溫水）加熱，入烤箱以 160 度烤約 40 分

冰鎮至冷

用小刀沿杯模刮一圈

扣出布丁，將布丁脫模即成

▶ 製作說明

1. 焦糖的色澤要正確，焦而不苦。
2. 烤出的布丁不可破裂，扣出後外表無氣孔。
3. 布丁要冰涼，有焦糖汁。
4. 每盤一或二個布丁均可。

▶ 製作步驟

步驟一：熱鍋炒白砂糖至成為焦糖蜜汁（焦而不苦），加入檸檬汁及水拌勻，倒入布丁模中。

步驟二：將雞蛋、香草精（或香草粉）、白砂糖拌勻，加入加溫至 40 度左右的牛奶，過濾後再次倒入布丁杯模裡（約 8 分滿）。

步驟三：隔水（溫水）加熱，入烤箱以 160 度烤約 40 分。

步驟四：隔冰塊冰鎮至冷，用小刀沿杯模刮一圈，扣出布丁（不可破裂，外表無氣孔），將布丁脫模即成（每盤一或二個布丁）。

302-D1
德式熱馬鈴薯沙拉
Warmed German potato salad

302-D2
奶油洋菇濃湯
Cream of mushroom soup

302-D3
匈牙利燴牛肉附奶油飯
Hungarian Goulash with pilaf rice

302-D4
烤蘋果奶酥
Apple crumble

題組總材料表

項目	名稱	數量	項目	名稱	數量
1	雞蛋 (egg)，約 50g／個，洗選蛋	4 個	26	鹽 (salt)	50g
2	白酒醋 (white wine vinegar)	250ml	27	蘋果 (apple)，約 250g／個	2 個
3	馬鈴薯 (potato)，約 250g／個	3 個	28	奶粉 (milk powder)	100g
4	培根 (bacon)	50g	29	中筋麵粉 (all purpose flour)	500g
5	洋蔥 (onion)，約 250g／個	2 個	30	肉桂粉 (cinnamon powder)	5g
6	沙拉油 (salad oil)	200ml	31	葡萄乾 (raisin)	80g
7	法式芥末醬 (Dijon mustard)	20g	32	白胡椒粉 (white pepper powder)	20g
8	蝦夷蔥 (chive) 或青蔥 (spring onion)	10g	33	黑胡椒粉 (black pepper powder)	20g
9	洋菇 (button mushroom)	250g	34	米 (rice)	300g
10	胡蘿蔔 (carrot)	300g	35	白吐司麵包 (white bread)	1 片
11	西芹菜 (celery)	100g	36	香芹 (parsley)	20g
12	青蒜苗 (leek)	100g	37	蒜頭 (garlic)	10g
13	雞高湯 (chicken stock)	1.5 liter	38	葛縷子 (caraway seeds)	5g
14	鮮奶油 (cream U.H.T.)	250ml	39	棉線 (thread)	50cm
15	百里香 (thyme)	1g			
16	月桂葉 (bay leaf)	4 片			
17	奶油 (butter)	200g			
18	牛腩 (beef brisket)	360g			
19	番茄糊 (tomato paste)	50g			
20	匈牙利紅椒粉 (paprika)	10g			
21	酸奶油 (sour cream)	60ml			
22	紅葡萄酒 (red wine)	100ml			
23	白砂糖 (sugar)	100g			
24	牛骨肉汁 (gravy)	1 liter			
25	糖霜 (icing sugar)	50g			

302-D1

德式熱馬鈴薯沙拉

Warmed German potato salad

👨‍🍳 **材料**

馬鈴薯 potato / 2ea
培根 bacon / 50g
洋蔥 onion / 60g
白酒醋 white wine vinegar / 30c.c.
沙拉油 salad oil / 30c.c.
鹽及胡椒 seasoning ／適量
法式芥末醬 dijon mustard / 60g
雞高湯 chicken stock / 40c.c.
蝦萊蔥 chive 或青蔥 spring
onion / 10g

👨‍🍳 **用具**

湯鍋一個、混合鋼盆一個、
木匙一支、沙拉盤二個

培根、洋蔥切碎，蝦夷蔥（或青蔥）切花

馬鈴薯洗淨帶皮以冷水加鹽煮至熟（約 50 分），瀝乾水分待溫涼後去皮

將馬鈴薯切成大丁

培根炒香後吸掉多餘的油，加入洋蔥、法式芥末醬、白酒醋、雞高湯、沙拉油

拌入熟馬鈴薯大丁及蝦夷蔥（或青蔥）調味拌勻

盛盤即成

▶ 製作說明

1. 馬鈴薯刀工（大丁 large dice）要一致。
2. 馬鈴薯熟度要恰當。
3. 盤飾須用培根及蝦荑蔥花。
4. 沙拉要溫熱。

▶ 製作步驟

步驟一：將培根、洋蔥切碎備用，將蝦荑蔥切花，並用衛生手法擠乾備用。

步驟二：取鍋加水及鹽煮帶皮馬鈴薯（約 50 分）至熟，瀝乾水分待溫涼後去皮切成大丁（要用衛生手法切割，刀工一致）。

步驟三：取平底鍋將培根碎炒香，用紙巾吸油備用。

步驟四：備鋼盆放入培根、洋蔥碎、法式芥末醬、白酒醋、雞高湯、沙拉油（約 30c.c.）拌勻。

步驟五：再入熟馬鈴薯大丁、蝦夷蔥花（或青蔥）調味拌勻裝盤（德式馬鈴薯是用拌，而不可用炒、沙拉必須溫熱）。

奶油洋菇濃湯
Cream of mushroom soup

材料

洋菇 button mushroom / 250g
雞高湯 chicken stock / 600c.c.
鮮奶油 cream U.H.T. / 100c.c.
百里香 thyme / 1g
月桂葉 bay leaf / 1pc
奶油 butter / 40g

備註

鹽及胡椒粉 seasoning ／適量

用具

湯鍋一個、木匙一支、湯盤
二個、湯杓一支、果汁機一
部

 重 點 步 驟

洋菇切除少許蒂頭後切成片狀

熱鍋奶油加入洋菇片、月桂葉、百里香炒香，加入雞高湯煮至軟爛，取出月桂葉

離火以冰塊降溫

用果汁機打成漿湯，倒入鍋中拌入鮮奶油煮滾調味

盛盤

以鮮奶油裝飾（也可用麵包丁裝飾）

▶ 製作說明

1. 蔬菜刀工要一致。
2. 烹調中不可加入麵粉，要打成泥漿成濃湯。
3. 濃湯稠度要適宜，色澤呈灰白。

▶ 製作步驟

步驟一：將洋菇去底部（蒂頭）後，切 0.3cm 片狀、蔬菜刀工要一致。
步驟二：取鍋用奶油放洋菇片、月桂葉及百里香炒香之後，入雞高湯煮至軟爛，撈除月桂葉。
步驟三：離火以冰塊降溫之後並用果汁機打成漿湯（烹調中不可加入麵粉）。
步驟四：重新倒回鍋中拌入鮮奶油加熱調味，出菜時再用鮮奶油（或麵包丁）作為裝飾（濃湯稠度要適宜，色澤呈灰白）。

匈牙利燴牛肉附奶油飯
Hungarian Goulash with pilaf rice

🍴 材料

牛腩 beef brisket / 800g
番茄糊 tomato paste / 60g
匈牙利紅椒粉 paprika / 6g
酸奶油 sour cream / 20g
馬鈴薯 potato / 120g
紅葡萄酒 red wine / 160c.c.
鹽及胡椒粉 seasoning / few
奶油 butter / 80g
月桂葉 bay leaf / 2pc
牛骨肉汁 beef gravy / 800c.c.
米 white rice / 90g
洋蔥 onion / 150g

葛縷子 caraway seed / 2g
大蒜 garlic / 10g

🍴 備註

沙拉油 salad oil / 40c.c.
雞高湯 chicken stock / 200c.c.
沙拉油 salad oil / 50c.c.
香料包 herb sachet / 1 個

🍴 用具

湯鍋一個、沙司鍋一個、木
杓一支、餐盤或湯盤二個

重 點 步 驟

洋蔥切碎，馬鈴薯切滾刀塊。牛腩切 2.5cm 塊狀，用紅酒、匈牙利紅椒粉、鹽、胡椒醃漬，將葛縷子拍碎，與月桂葉做成香料包

熱鍋炒香牛肉至金黃色，加入番茄糊炒軟，再加入紅酒、香料包及牛骨肉汁，熬煮 50 分

米洗淨瀝乾，熱鍋以奶油炒香洋蔥碎、月桂葉，加入生米續炒，倒入雞高湯炒到收汁後，加蓋進烤箱燜烤 15 分

烤好的米飯拌入奶油，撈起月桂葉後調味盛盤

牛腩煮 50 分後，加入馬鈴薯塊續煮 20 分調味

牛腩盛盤，上面用酸奶油裝飾即成

▶ 製作說明

1. 牛腩刀工 (2.5cm) 大小要均勻。
2. 葛縷子要拍碎和其他香料作成香料包 (sachet)。
3. 牛腩須煎上色，且與匈牙利紅椒粉（紅甜椒粉）拌炒。
4. 奶油飯須熟透。

▶ 製作步驟

步驟一：洋蔥切碎，馬鈴薯削皮並切滾刀塊。牛腩切 2.5cm 塊狀（刀工大小均勻），並用匈牙利紅椒粉調味醃漬。將葛縷子拍碎與月桂葉做成香料包。

步驟二：米洗淨瀝乾。取鍋放奶油炒香洋蔥碎、月桂葉及生米略微拌炒，入雞高湯炒到湯汁收汁，加蓋進烤箱以 200 度烤約 15 分取出後，拌入 30g 奶油，撈起月桂葉調味盛盤。

步驟三：熱鍋（奶油或沙拉油）將牛腩煎至上色，再入番茄糊炒開後，加入紅葡萄酒、香料包、牛骨肉汁（蓋過牛肉）滾後改小火約 50 分後，入馬鈴薯塊，再續煮 20 分盛盤，最後用酸奶油裝飾即成。

302-D4

烤蘋果奶酥

Apple crumble

🎩 材料

蘋果 apple / 1ea
白砂糖 sugar / 40g
肉桂粉 cinnamon powder / 2g
葡萄乾 raisin / 40g
奶粉 milk powder / 10g
麵粉 cake flour / 160g
糖霜 icing sugar / 20g
雞蛋 egg / 1/2ea
奶油 butter / 125g

🎩 用具

塔模四個、烤盤一個、點心盤二個

146

重 點 步 驟

蘋果削皮切片,以鹽、礦泉水泡過瀝乾備用。葡萄乾以礦泉水泡軟瀝乾備用。蘋果餡:熱鍋奶油炒蘋果片,入葡萄乾、肉桂粉、白砂糖拌炒至軟

塔皮:過篩麵粉加入奶油、白砂糖、奶粉拌勻,再加入蛋液,揉成麵糰後醒 30 分

取錫箔紙壓平放入塔模內,將麵糰分成四等份,各別壓扁,放入塔模中塑形,塔皮厚薄一致

奶酥:將製作塔皮剩餘的麵團拌入奶粉及麵粉,揉成顆粒狀的奶酥

炒好的蘋果餡裝入塔模內,奶酥蓋在蘋果塔上,進烤箱以190 度烤 20 分,烤至金黃色

待涼後取出盛盤後灑上糖霜即成

▶ 製作說明

1. 蘋果刀工大小厚薄一致,且須加入肉桂粉炒熟。
2. 烤成金黃色,乾濕度適中不焦化。
3. 奶酥不可烤焦,要灑上糖霜並溫熱供餐。
4. 塔皮要酥脆,不可堅硬。
5. 每盤各二個。

▶ 製作步驟

步驟一: 蘋果削皮切片,以鹽、礦泉水泡過瀝乾備用。葡萄乾以礦泉水泡軟瀝乾備用。蘋果餡:熱鍋奶油炒蘋果片,入葡萄乾、肉桂粉、白砂糖拌炒至軟。塔皮:過篩麵粉加入奶油、白砂糖、奶粉拌勻,再加入蛋液,揉成麵糰後醒 30 分。

步驟二: 取錫箔紙壓平放入塔模內,將麵糰分成四等份,各別壓扁,放入塔模中塑形,塔皮厚薄一致。

步驟三: 奶酥:將製作塔皮剩餘的麵團拌入奶粉及麵粉,揉成顆粒狀的奶酥。

步驟四: 炒好的蘋果餡裝入塔模內,奶酥蓋在蘋果塔上,進烤箱以 190 度烤 20 分,烤至金黃色。待涼後取出盛盤後灑上糖霜即成。

147

302-E1
主廚沙拉附油醋汁
Chef's salad served with vinaigrette

302-E2
蘇格蘭羊肉湯
Scotch broth

302-E3
白酒燴雞附瑞士麵疙瘩
Chicken fricasseé with spaetzle

302-E4
炸蘋果圈
Apple fritters

題組總材料表

項目	名稱	數量	項目	名稱	數量
1	培根 (bacon)	100g	25	沙拉油 (salad oil)	60g
2	結球萵苣 (iceberg lettuce)	200g	26	蒜頭 (garlic)	15g
3	紅番茄 (tomato)，約 150g ／個	2 個	27	高筋麵粉 (bread flour)	300g
			28	白葡萄酒 (white wine)	50ml
4	洋火腿 (ham)	90g	29	月桂葉 (bay leaf)	5 片
5	雞胸肉 (chicken breast)	120g	30	百里香 (thyme)	5g
6	小黃瓜 (baby cucumber)	80g	31	鮮奶油 (cream U.H.T.)	100ml
7	胡蘿蔔 (carrot)	250g	32	蘋果 (apple)，約 250g ／個	2 個
8	雞蛋 (egg)，約 50g ／個，洗選蛋	6 個	33	蒸餾櫻桃酒 (kirsch)	10ml
9	胡椒牛肉 (pastrami) 或烤牛肉 (roasted beef)	120g	34	肉桂粉 (cinnamon powder)	5g
10	切達起司 (cheddar cheese)	50g	35	油炸油 (fry oil)	2 liter
			36	奶油 (butter)	250g
11	蝦夷蔥或青蔥 (chive or spring onion)	10g	37	鹽 (salt)	50g
12	橄欖油 (olive oil)	120ml	38	白胡椒粉 (white pepper powder)	20g
13	白酒醋 (white wine vinegar)	40ml	39	黑胡椒粉 (black pepper powder)	20g
14	白砂糖 (sugar)	20g	40	荳蔻粉 (nutmeg)	5g
15	羊腿肉 (lamb leg)	250g	41	發粉 (baking powder)	15g
16	雞高湯 (chicken stock)	2 liter	42	牛奶 (milk)	500ml
17	小薏仁 (barley)	75g			
18	白蘿蔔 (turnip)	30g			
19	洋蔥 (onion)，約 250g ／個	1 個			
20	青蒜苗 (leek)	80g			
21	西芹菜 (celery)	80g			
22	高麗菜 (cabbage)	50g			
23	香芹 (parsley)	10g			
24	光雞 (whole chicken)，約 1.5kg ／隻	1 隻			

主廚沙拉附油醋汁

Chef's salad served with vinaigrette

👨‍🍳 材料

結球萵苣 iceberg lettuce / 140g

洋火腿 ham square / 80g

雞胸肉 chicken breast / 120g

番茄 tomato / 1ea

小黃瓜 baby cucumber / 80g

胡蘿蔔 carrot / 90g

雞蛋 egg / 1ea

烤牛肉 roasted beef 或胡椒牛肉
pastrami / 120g

切達乳酪 cheddar cheese / 50g

蝦夷蔥 chives / 10g

橄欖油 olive oil / 80c.c.

白酒醋 white wine vinegar /
40c.c.

👨‍🍳 備註

鹽及胡椒粉 seasoning ／適量

👨‍🍳 用具

混合盆二個、打蛋器一個、
沙拉碗二個、調味醬盅二個

重 點 步 驟

小黃瓜切條狀去籽、萵苣切段，一同泡冰水冰鎮，濾乾放冰箱備用

番茄去皮切角狀，乳酪切條狀，烤牛肉（或胡椒牛肉）、火腿切條狀，胡蘿蔔切條狀煮熟冰鎮，蛋煮熟切片

雞胸肉冷水入鍋，水滾 5 分關火泡 15 分後瀝乾水分切條狀

先將結球萵苣擺入盤內，再將所有食材排列到萵苣上（擺設搭配雅觀，取量適當）

橄欖油加入鹽、胡椒拌勻，再慢慢放入白酒醋攪拌至濃稠（油醋汁調配比例 3:1）

盛入醬汁盅內

▶ 製作說明

1. 食材的刀工要一致，肉類、乳酪切條狀。
2. 擺飾搭配要雅觀，取量要適當。
3. 油醋汁調配比例 (3:1) 正確。
4. 萵苣要青脆，成品要冰冷。

▶ 製作步驟

步驟一： 番茄去皮切 1 開 6（角狀），將火腿、切達乳酪、烤牛肉（或胡椒牛肉）、胡蘿蔔（用衛生手法）切成長約 5~6cm、厚約 0.3cm 條狀。取鍋放水及雞蛋，冷水煮滾開始 10 分後取出泡冷水冷卻，水煮蛋切片，另取鍋將胡蘿蔔川燙沖泡冷水冰涼。小黃瓜切條狀去籽，結球萵苣切段泡冰水之後，並濾乾放保鮮盒進冰箱備用。

步驟二： 雞胸肉冷水入鍋煮至水滾 5 分關火，泡 15 分後瀝乾水分，切成條狀約 5~6cm。

步驟三： 沙拉成盤時依順序擺放食材（要注意成品要冰冷）。備鋼盆先將橄欖油調味拌勻後再慢慢加入白酒醋攪拌濃稠（油醋汁比例＝ 3:1）倒入醬汁盅。隨盤附上油醋汁即可。

302-E2
蘇格蘭羊肉湯
Scotch broth

🎩 材料

羊腿肉 lamb leg / 200g
雞高湯 chicken stock / 900c.c.
培根 sliced bacon / 50g
薏仁 barley / 40g
胡蘿蔔 carrot / 40g
白蘿蔔 turnip / 40g
洋蔥 onion / 40g
蒜苗 leek / 80g
高麗菜 cabbage / 40g
西芹菜 celery / 40g
香芹 parsley / 3g

鹽及胡椒粉 seasoning ／適量
沙拉油 salad oil / 30c.c.

🎩 備註

百里香 thyme / 1g
月桂葉 bay leaf / 1pc

🎩 用具

湯鍋一個、湯杓一支、
湯碗二個

重 點 步 驟

1 培根切丁，洋蔥、西芹菜、胡蘿蔔、白蘿蔔、高麗菜、蒜苗切 0.5cm 丁片，香芹切碎

2 薏仁洗淨後泡水

3 羊肉去油筋切成丁烤至上色，洗淨，取鍋放進雞高湯、羊肉、薏仁煮滾後改小火慢煮（約 40~50 分）熟透

4 另取鍋子依序將洋蔥、培根、胡蘿蔔、白蘿蔔加入鍋中炒香，放入高湯及高麗菜續煮

5 將煮好的羊肉、薏仁放入混合，再煮 10 分後調味

6 盛碗後灑上香芹碎即成（不可浮油）

▶ 製作說明

1. 羊肉先烤上色。
2. 羊肉、蔬菜刀工大小一致，蔬菜依序炒香。
3. 烹調時間要足夠。
4. 成品要有香芹碎裝飾。

▶ 製作步驟

步驟一： 將所有蔬菜及培根切約 0.5cm 的小丁狀。（羊肉、蔬菜刀工大小一致），香芹切碎並用衛生手法擠乾備用。將薏仁洗淨泡水。

步驟二： 羊肉去油筋切約 0.5cm 的小丁狀，烤至上色後洗淨，取鍋放進高湯、羊肉及薏仁一起煮滾後改小火慢煮（約 40~50 分）熟透。

步驟三： 另取鍋將洋蔥、培根、胡蘿蔔、白蘿蔔（或可加月桂葉、百里香）炒香（勿太上色）炒香後加雞高湯、高麗菜再續煮 10~15 分。

步驟四： 將煮好羊肉、薏仁加入蔬菜鍋約續煮 10 分後調味即可，出菜灑上香芹碎做裝飾（不可浮油）。

白酒燴雞附瑞士麵疙瘩

Chicken fricasseé with spaetzle

🧑‍🍳 材料

光雞 chicken / 1 隻
沙拉油 salad oil / 30c.c.
洋蔥 onion / 60g
大蒜 garlic / 15g
白葡萄酒 white wine / 100c.c.
雞高湯 chicken stock / 200c.c.
月桂葉 bay leaf / 1pc
百里香 thyme / few
鮮奶油 cream U.H.T. / 100c.c.
高筋麵粉 bread flour / 110g
奶油 butter / 80g

鹽及胡椒粉 seasoning ／適量
荳蔻粉 nutmeg / 2g
雞蛋 egg / 1ea

🧑‍🍳 用具

燜湯鍋附蓋一個、木杓一
支、麵疙瘩網一個、餐盤二
個

光雞切成8塊（去胸骨、前翅）調味醃漬，洋蔥、蒜頭切碎

熱鍋加油入雞肉煎至金黃色，再放入洋蔥、月桂葉、蒜碎炒香，入百里香、白酒、雞高湯濃縮

入鮮奶油濃縮至濃稠，取出雞肉盛盤，醬汁過篩後入鍋加入鮮奶油回煮濃縮調味

麵疙瘩：荳蔻粉、蛋、過篩麵粉、水、鹽、胡椒拌成麵糊。水煮滾關小火，放上麵疙瘩網快速壓過，煮至麵疙瘩浮出水面撈起，沖冷水至冷備用

熱鍋奶油炒香洋蔥碎，加入麵疙瘩炒香盛盤

盛盤後淋上醬汁即成

▶ 製作說明

1. 全雞切割刀法要正確（關節處切割），切成 8 塊，去胸骨、前翅。
2. 雞塊要煎至金黃色。
3. 奶油醬汁製程要確實、須過濾、不可油水分離（出油），濃稠度要適當。
4. 燴雞成品盛盤四塊要胸、腿皆有。
5. 麵疙瘩軟硬恰當，有奶油香味。

▶ 製作步驟

步驟一：光雞切成 8 塊（去胸骨、前翅），以白酒、鹽、胡椒粉調味，加入少許麵粉拌勻醃漬。洋蔥、蒜頭切碎。

步驟二：熱鍋加油入雞肉煎至金黃色，再放入洋蔥、月桂葉、蒜碎炒香，入百里香、白酒、雞湯濃縮，再入鮮奶油濃縮至濃稠，取出雞肉盛盤（4 塊，需有胸腿），醬汁過篩後入鍋加入鮮奶油回煮濃縮調味。

步驟三：麵疙瘩：荳蔻粉、蛋、過篩麵粉、水、鹽、胡椒拌成麵糊。水煮滾關小火，放上麵疙瘩網快速壓過，煮至麵疙瘩浮出水面撈起，沖冷水至冷瀝乾備用。熱鍋奶油炒香洋蔥碎，加入麵疙瘩炒香盛盤，淋上醬汁即成。

302-E4

炸蘋果圈
Apple fritters

👨‍🍳 材料
蘋果 apple / 2ea
櫻桃酒 kirsch / 20c.c.
砂糖 sugar / 50g
肉桂粉 cinnamon powder / 5g
麵粉 bread flour / 140g
雞蛋 egg / 1ea
油炸油 fry oil / 2lit.

👨‍🍳 備註
麵粉 bread flour / 80g
沙拉油 salad oil / 30c.c.
發粉 baking powder / 6g

👨‍🍳 用具
油炸鍋一個、混合銅盆一個、點心盤二個、夾子二支

重 點 步 驟

蘋果去皮,用去核器去除果核,用櫻桃酒、砂糖、肉桂粉及水煮軟

過篩麵粉、蛋黃、發粉、水、油拌勻,加入打發蛋白成麵糊

煮軟的蘋果沾上少許乾粉,再沾裹麵糊

入油鍋炸至呈金黃色

以紙巾吸乾多餘的油漬

後撒上肉桂糖粉即成

▶ 製作說明

1. 蘋果去皮切圈要厚薄一致。
2. 蘋果須用酒醃漬及煮軟。
3. 沾裹麵糊要完全。
4. 油溫要適當,炸成金黃色。
5. 炸蘋果圈取出後須瀝油,趁熱沾上肉桂粉及糖。
6. 肉桂粉拌合糖的比例要恰當。
7. 每盤各三圈炸蘋果圈。

▶ 製作步驟

步驟一:蘋果削皮用削皮器去果核,切約 0.8cm 厚片(一粒蘋果切成四厚片)後,再用砂糖、肉桂粉、櫻桃酒及水煮軟備用。

步驟二:取鍋將過篩麵粉、蛋黃、發粉、水、油拌勻,加入打發後的蛋白成麵糊(蛋黃、蛋白需分開打發)。一鐵盤放上麵粉。

步驟三:取鍋放入油炸油,將蘋果片沾上麵粉及麵糊後炸至金黃色夾起瀝油(或以紙巾吸乾多餘油漬),趁溫度高撒上肉桂糖粉(肉桂粉:糖= 1:10),較易沾覆(每盤要 3 個炸蘋果圈)。

303-A1
煎恩利蛋
Plain omelette

303-A2
義大利蔬菜湯
Minestrone

303-A3
翠綠沙拉附法式沙拉醬
Green salad with French dressing

303-A4
藍帶豬排附炸圓柱形馬鈴薯泥
Pork Cordon Bleu with potato croquettes

🌱 題組總材料表

項目	名稱	數量
1	洗選蛋 (egg)，約 50g／個	8 個
2	鮮奶油 (cream U.H.T.)	200g
3	沙拉油 (salad oil)	300g
4	鹽 (salt)	50g
5	白胡椒粉 (white pepper powder)	20g
6	黑胡椒粉 (black pepper powder)	20g
7	培根 (bacon)	100g
8	橄欖油 (olive oil)	120ml
9	洋蔥 (onion)，約 250g／個	2 個
10	西芹菜 (celery)	400g
11	胡蘿蔔 (carrot)，約 250g／個	2 個
12	高麗菜 (cabbage)	300g
13	蒜頭 (garlic)	60g
14	紅番茄 (tomato)，約 150g／個	2 個
15	雞高湯 (chicken stock)	2 liter
16	馬鈴薯 (potato)，約 250g／個	4 個
17	番茄糊 (tomato paste)	120g
18	通心麵 (macaroni)	50g
19	巴美乳酪粉 (parmesan cheese)	60g
20	蛋黃醬 (mayonnaise)	300ml
21	法式芥末醬 (Dijon mustard)	50ml
22	豬里脊（肌）(pork loin)	400g
23	高筋麵粉 (bread flour)	300g
24	洋火腿 (ham)	150g
25	切達乳酪片 (sliced cheddar cheese)	2 片
26	麵包粉 (bread crumb)	100g
27	奧力岡 (oregano)	10g
28	檸檬 (lemon)，約 100g／個	1 個
29	奶油 (butter)	250g
30	結球萵苣 (iceberg lettuce)	200g
31	蘿蔓萵苣 (romaine lettuce)	120g
32	小黃瓜 (baby cucumber)	200g
33	油炸油 (fry oil)	2L

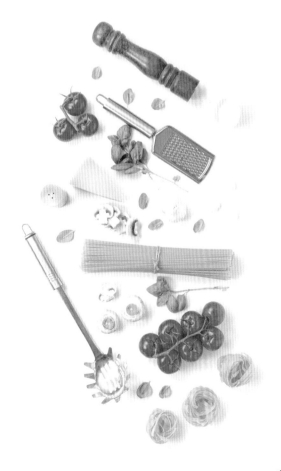

煎恩利蛋
Plain omelette

🧑‍🍳 材料
雞蛋 egg / 6ea
鮮奶油 cream U.H.T. / 60c.c.
鹽及胡椒 seasoning ／適量
沙拉油 salad oil / 60c.c.

🧑‍🍳 備註
奶油 butter / 40g

🧑‍🍳 用具
平底鍋一支、煎鏟一支、
餐盤兩個

重 點 步 驟

1

雞蛋用衛生規定法將雞蛋打出，放入鋼盆，再加入鮮奶油、鹽拌勻，用細網過濾分成兩份

2

熱鍋熱油倒入蛋液，快速攪拌至七分熟

3

鍋子呈 45 度角，將左上方 1/4 處的蛋往下翻

4

再將右上方蛋皮往內捲，成扇形

5

從扇形的尖端往下捲

6

往前推，修飾使兩邊呈圓錐形

▶ 製作說明

1. 蛋液是否均勻無雜質（蛋殼）。
2. 注意火候要小，成品不焦黃，顏色呈金黃，色澤均勻。
3. 外表光滑細嫩，不可焦黑。
4. 形狀以圓椎狀或弦月形為主。
5. 味道要適宜，蛋液須熟透。

▶ 製作步驟

步驟一：按衛生規定法打蛋，再把蛋與鮮奶油調味拌勻，並用細網過濾成兩份（3 個蛋為一份）備用。（須注意蛋液均勻無雜質）。

步驟二：取平底鍋熱鍋加沙拉油，將過濾好蛋液倒進鍋內，快速攪拌至七分熟（注意火候要小，顏色呈金黃，色澤均勻）。

步驟三：鍋子呈 45 度角，將左上方 1/4 處的蛋往下翻，再將右上方蛋皮往內捲，成扇形，從扇形的尖端往下捲，再往前推，修飾兩邊呈圓錐形（或半月形，不可煎成蛋皮再捲）。

303-A2

義大利蔬菜湯
Minestrone

🔖 材料
培根 bacon / 30g
橄欖油 olive oil / 30c.c.
洋蔥 onion / 40g
西芹菜 celery / 40g
胡蘿蔔 carrot / 40g
高麗菜 cabbage / 40g
大蒜 garlic / 20g
紅番茄 tomato / 60g
雞高湯 chicken stock / 800c.c.
馬鈴薯 potato / 40g
番茄糊 tomato paste / 40g
通心麵 macaroni / 12g

鹽及胡椒粉 seasoning ／適量
巴美乳酪粉 parmesan cheese /
12g

🔖 用具
湯鍋一個、木杓一支、湯杓
一支、湯盤兩個

重 點 步 驟

1
洋蔥、胡蘿蔔、西芹菜、高麗菜、番茄（去皮去籽）、馬鈴薯切指甲片，培根切丁、蒜頭切碎，通心麵入鍋煮約 8 分熟，撈出瀝乾拌油備用

2
熱鍋放橄欖油炒香蒜頭、培根，再加入洋蔥炒軟，西芹菜、胡蘿蔔、馬鈴薯炒香

3
加入番茄糊炒均勻

4
加入雞高湯熬煮 10 分

5
加入高麗菜熬煮至熟，加入煮熟通心麵及番茄片，調味

6
盛盤加入巴美乳酪粉即可

製作說明

1. 蔬菜刀工大小（指甲片 minestrone）要一致。
2. 蔬菜須炒至軟化，才可加入高湯。
3. 湯汁濃稠度要恰當，須加入通心麵及巴美乳酪粉裝飾。
4. 湯汁不可有麵粉。

製作步驟

步驟一：洋蔥、胡蘿蔔、西芹菜、高麗菜、番茄（去皮去籽）等蔬菜刀工大小（指甲片）要一致及培根切丁、蒜頭切碎備用。另取單手鍋將通心麵煮 8 分熟，撈出沖冷瀝乾並拌油備用。

步驟二：取醬汁鍋放橄欖油炒香蒜末、培根之後，加洋蔥炒軟、再加西芹菜、胡蘿蔔、馬鈴薯拌炒至軟化，再加入番茄糊拌勻後倒入雞高湯煮滾約 10 分，加高麗菜改小火熬煮至熟，起鍋之前才能加番茄片、通心麵後微滾約 1~2 分後調味。

步驟三：盛盤加入巴美乳酪粉裝飾即可，湯汁不可有麵粉。

翠綠沙拉附法式沙拉醬

Green salad with French dressing

👨‍🍳 材料

蘿蔓萵苣 romaine lettuce /
120g
結球萵苣 iceberg lettuce /
120g
小黃瓜 baby cucumber / 80g
蛋黃醬 mayonnaise / 80g
大蒜 chopped garlic / 12g
法式芥末醬 dijon mustard /
30g
雞高湯 chicken stock / 50c.c.
鹽及胡椒粉 seasoning ／適量

👨‍🍳 用具

混合盆一個、木匙一支、沙
拉盤兩個、沙拉醬盅二個

重點步驟

1 	**2** 	**3** 
小黃瓜切片，蘿蔓萵苣切小塊，結球萵苣切小塊	用礦泉水及冰塊冰鎮約 15 分後瀝乾水分備用	蒜頭切碎
4 	**5** 	**6** 
法式沙拉醬：將蒜碎與法式芥末醬、蛋黃醬拌均勻，加入高湯調味，盛入醬汁盅內	將蘿蔓及結球萵苣與小黃瓜片擺盤裝飾	隨盤附上法式沙拉醬

▶ 製作說明

1. 萵苣、小黃瓜刀工大小均勻一致。
2. 沙拉水分要瀝乾，要有生脆口感與翠綠觀感。
3. 醬汁須與蛋黃醬、芥末醬及蒜末調製成稀釋的醬汁。
4. 沙拉醬汁濃稠度要適中。
5. 醬汁另附不可淋於沙拉菜上。

▶ 製作步驟

步驟一：要按衛生規定法將小黃瓜切片，蘿蔓萵苣結球萵苣切小塊，刀工大小一致，洗淨後用礦泉水跟冰塊冰鎮約 15 分瀝乾放進保鮮盒備用。蒜頭切碎。

步驟二：將蛋黃醬加入蒜碎、法式芥末醬拌勻，加入雞高湯、鹽及胡椒粉拌勻即成法式沙拉醬。

步驟三：將蘿蔓及結球萵苣、小黃瓜片擺盤裝飾，隨盤附上法式沙拉醬。

藍帶豬排附炸圓柱形馬鈴薯泥
Pork Cordon Bleu with potato croquettes

🍳 材 料

豬里脊（肌）pork loin / 400g

麵粉 bread flour / 50g

火腿 ham square / 80g

切達乳酪片 Sliced cheddar cheese / 2pc

鹽及胡椒 seasoning ／適量

蛋 egg / 2ea

麵包粉 bread crumbs / 100g

奧力岡 oregano / 2g

沙拉油 salad oil / 30c.c.

檸檬 lemon / 1ea

馬鈴薯 potato / 1ea

奶油 butter / 20g

鮮奶油 cream U.H.T. / 20c.c.

🍳 用 具

煎板一個、炸鍋一個、夾子一支、湯鍋一個、餐盤兩個

 **重點步驟**

用白色砧板切檸檬角，馬鈴薯洗淨帶皮以冷水加鹽煮至熟（約 50 分），瀝乾水分待溫涼後去皮備用

豬里脊（肌）去筋切蝴蝶刀，隔著保鮮膜或油紙拍薄肉片

用鹽、胡椒、奧力岡、切達乳酪、火腿為內餡，包入豬肉中，修邊，整形，沾上麵粉、蛋液、麵包粉備用

馬鈴薯壓成泥，入荳蔻粉、奶油、鮮奶油調味拌勻，將馬鈴薯捲成圓柱狀，切成六塊，沾上麵粉、蛋液、麵包粉備用

豬排以半油煎（中油溫）至熟（不可烘烤不可油炸），馬鈴薯高溫炸至金黃（泥漿不可外溢）

吸除油分後盛盤，附上檸檬角即成

▶ **製作說明**

1. 豬排及火腿刀工要均勻。
2. 肉片不可直接拍打，要隔著保鮮膜或油紙。
3. 火候及用油要適中，豬排要煎成金黃色不可烘烤。
4. 乳酪餡不可流出。
5. 馬鈴薯泥不可加麵粉，要炸成金黃色及完整，泥漿不可外溢。
6. 圓柱形馬鈴薯每份須有三個。
7. 成品須附楔形檸檬角 (wedge)。

▶ **製作步驟**

步驟一： 檸檬切角。馬鈴薯洗淨帶皮加鹽煮熟（約 50 分），瀝乾待溫涼去皮備用。

步驟二： 豬里脊（肌）去筋切蝴蝶片，隔保鮮膜拍打成薄片後，灑上鹽、胡椒、奧力岡、火腿及切達乳酪片為內餡，修邊整形，沾上麵粉、蛋液及麵包粉，用半油煎方式至熟，盛盤。

步驟三： 馬鈴薯壓成泥，入荳蔻粉、奶油、鮮奶油調味拌勻，捲成圓柱狀，切成六塊，沾上麵粉、蛋液、麵包粉炸熟盛盤，附上檸檬角。

步驟四： 取鍋放油炸油、油溫約以 180 度炸馬鈴薯至金黃色。將豬排用中溫以半油煎的方式至熟，兩者吸油後盛盤附上檸檬角即可。

303-B1
炒蛋附炒洋菇片
Scrambled egg with sautéed sliced mushroom

303-B2
蔬菜片湯
Paysanne soup

303-B3
高麗菜絲沙拉
Cole slaw

303-B4
煎鱸魚排附奶油馬鈴薯
Seabass fillet meuniere with buttered potatoes

題組總材料表

項目	名稱	數量
1	洗選蛋 (egg)，約 50g ／個	6 個
2	鮮奶油 (cream U.H.T.)	300ml
3	洋菇 (button mushroom)	200g
4	洋蔥 (onion)，約 250g ／個	2 個
5	沙拉油 (salad oil)	200ml
6	鹽 (salt)	50g
7	白胡椒粉 (white pepper powder)	20g
8	黑胡椒粉 (black pepper powder)	20g
9	雞高湯 (chicken stock)	2 liter
10	奶油 (butter)	250g
11	胡蘿蔔 (carrot)，約 250g ／個	2 個
12	西芹菜 (celery)	500g
13	白蘿蔔 (turnip)	500g
14	番茄 (tomato)，約 150g ／個	5 個
15	月桂葉 (bay leaf)	6 片
16	馬鈴薯 (potato)，約 250g ／個	4 個
17	高麗菜 (cabbage)	500g
18	蛋黃醬 (mayonnaise)	300ml
19	鱸魚 (seabass)，約 800g ／條	1 條
20	香芹 (parsley)	50g

項目	名稱	數量
21	檸檬 (lemon)，約 100g ／個	1 個
22	高筋麵粉 (bread flour)	100g

303-B1

炒蛋附炒洋菇片

Scrambled egg with sautéed sliced mushroom

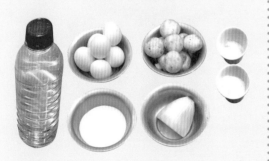

👨‍🍳 **材料**

雞蛋 egg / 6ea
鮮奶油 cream U.H.T. / 30c.c.
鹽及胡椒 seasoning ／適量
洋菇 button mushroom / 200g
洋蔥 onion / 50g
沙拉油 salad oil / 40c.c.

👨‍🍳 **用具**

平底鍋一個、混合盆一個、
打蛋器一支、木匙一支、餐
盤兩個

洋蔥切碎

洋菇切除少許蒂頭後切片

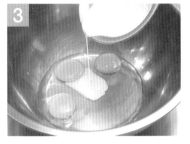

雞蛋用衛生規定法將雞蛋打出，放入鋼盆，再加入鮮奶油、鹽、胡椒拌勻，用細網過濾分成兩份

熱鍋熱油炒洋蔥至香，加入洋菇炒至熟，調味後盛盤（洋菇不可加入蛋液炒）

熱鍋熱油炒蛋液至熟

盛盤即可

▶ 製作說明

1. 蛋液是否均勻無雜質（蛋殼）。
2. 注意火候要適中，炒蛋不焦黃組織不乾燥。
3. 外表光滑細嫩，不油膩。
4. 洋菇（蒂可用但底部須切除）刀工要厚薄均勻。
5. 洋菇不可出水，不可加入蛋內炒。

▶ 製作步驟

步驟一：洋蔥切碎，洋菇切除少許蒂頭切片。

步驟二：取鋼盆將雞蛋用衛生規定打法打出，加鮮奶油、鹽及胡椒拌勻，用細網過濾成兩份（三顆蛋為一份），蛋液均勻無雜質（蛋殼）。

步驟三：取平底鍋先放沙拉油將洋蔥炒香後，入洋菇片炒熟並調味（洋菇不可出水，不可加入蛋液炒）盛盤。

步驟四：以沙拉油潤鍋後倒入蛋液後，用木匙（橡皮刮刀）炒蛋至熟。將炒蛋與炒好的洋菇片擺上一起即可。

蔬菜片湯
Paysanne soup

材料

雞高湯 chicken stock	1,200c.c.
奶油 butter	15g
洋蔥 onion	90g
胡蘿蔔 carrot	90g
西芹菜 celery	90g
白蘿蔔 white turnip	90g
番茄 tomato	90g
月桂葉 bay leaf	1pc
高麗菜 cabbage	90g
馬鈴薯 potato	30g
鹽及胡椒粉 seasoning	適量

用具

湯鍋一個、木杓一支、湯盤兩個

番茄去皮去籽後切片，洋蔥、白蘿蔔、馬鈴薯、高麗菜、胡蘿蔔、西芹菜切片

熱鍋以奶油炒香洋蔥，加入月桂葉

加入胡蘿蔔、白蘿蔔、高麗菜、馬鈴薯炒軟

入雞高湯續煮至蔬菜熟透

續加入西芹菜、番茄，去除多餘的油脂及月桂葉後調味

盛盤（不可加麵粉）

▶ 製作說明

1. 蔬菜烹調時須炒軟始可加入高湯。
2. 湯汁不可有麵粉，但須小火慢煮。
3. 湯汁調味要恰當。

▶ 製作步驟

步驟一：番茄去皮去籽切片丁，馬鈴薯、洋蔥、白蘿蔔、胡蘿蔔、高麗菜、西芹菜切方形片丁狀。

步驟二：熱鍋奶油炒香洋蔥及月桂葉，再依序入胡蘿蔔、白蘿蔔、馬鈴薯、高麗菜炒軟，再入雞高湯煮滾後、改小火熬煮至蔬菜熟透，起鍋前才能放西芹菜、番茄微滾 1~2 分調味，去除多餘油質，取出月桂葉即可上桌。（湯汁不可有麵粉）

303-B3

高麗菜絲沙拉
Cole slaw

🧑‍🍳 **材料**

高麗菜 cabbage / 400g
蛋黃醬 mayonnaise / 80g
鹽及胡椒粉 seasoning ／適量
胡蘿蔔 carrot / 50g

🧑‍🍳 **用具**

混合鋼盆一個、木匙一支、
沙拉盤二個

174

重點步驟

高麗菜、胡蘿蔔切絲以鹽醃漬後拌勻

蓋上保鮮膜入冰箱約 15~20 分至軟

取出後用礦泉水清洗,瀝乾水分(可清洗兩次以避免高麗菜絲過鹹)

拌入蛋黃醬(蛋黃醬於上菜前再拌入高麗菜絲避免出水)

調味拌均勻

盛盤即可

▶ 製作說明

1. 高麗菜絲刀工要均勻。
2. 高麗菜與胡蘿蔔比例要恰當。
3. 沙拉要保持青脆感。
4. 盛盤後不能出水,口感要冰涼。

▶ 製作步驟

步驟一:將高麗菜、胡蘿蔔(絲刀工均勻)抓鹽後蓋上保鮮膜冷藏約 15~20 分,需用熟食處理(須戴衛生手套),取出以礦泉水清洗乾淨並瀝乾(可清洗兩次以避免高麗菜絲過鹹)。

步驟二:再加入蛋黃醬(再上菜前再拌入高麗菜絲,以避免出水)及鹽、胡椒攪拌均勻。

步驟三:沙拉要保持清脆感。並裝深盤,盛盤後不能出水,口感要冰涼。

303-B4

煎鱸魚排附奶油馬鈴薯

Seabass fillet meuniere with buttered potatoes

👨‍🍳 材料

鱸魚 seabass / 1 隻
奶油 butter / 100g
香芹 parsley / 10g
檸檬 lemon / 20c.c.
馬鈴薯 potato / 2ea
麵粉 bread flour / 30g

👨‍🍳 備註

白葡萄酒 white wine / 60c.c.
沙拉油 salad oil / 30c.c.
鹽及胡椒粉 seasoning ／適量

👨‍🍳 用具

平底鍋一個、煎鏟一支、餐
盤二個

馬鈴薯削成橄欖形，香芹切碎，檸檬切角

鱸魚取魚菲力，加白酒、鹽、胡椒醃漬後冷藏

魚菲力沾上薄麵粉，煎至兩面呈金黃色後淋白酒濃縮盛盤

褐色檸檬奶油：原鍋放入奶油煮滾，入白酒及檸檬汁濃縮再調味，最後淋上煎好的鱸魚排

馬鈴薯入鍋煮（約 7~8 分）至熟撈出，以奶油炒香，撒上香芹調味

盛盤並擺上檸檬角即成

▶ 製作說明

1. 鱸魚處理刀工要乾淨，鱸魚菲力適當冷藏。
2. 鱸魚菲力沾一層薄麵粉。
3. 鱸魚菲力要煎至金黃色不碎裂。
4. 馬鈴薯要削成橄欖形，大小一致，每盤三個。
5. 馬鈴薯煮熟後須用奶油炒過。
6. 須附褐色檸檬奶油。
7. 要有香芹碎裝飾。

▶ 製作步驟

步驟一：馬鈴薯削成橄欖形，每盤三個。香芹切碎並用衛生手法擠乾，檸檬切角。

步驟二：鱸魚洗淨取魚菲力兩片並去皮（不可取量不足）、不破裂、用白酒、調味料醃漬放進冷藏。魚菲力沾上薄麵粉，熱鍋將魚菲力煎至金黃色（不碎裂）、並淋上白酒濃縮盛盤。

步驟三：原鍋入奶油，入白酒、檸檬汁濃縮後調味。淋上煎好的鱸魚排（魚肉會吸收醬汁，所以醬汁要多放一些使之溢流出來）。

步驟四：馬鈴薯入鍋煮（約 7~8 分）至熟撈出，後以奶油煎至略微上色調味，最後撒上香芹增加香味調味，盛盤後擺上檸檬角。

303-C1
總匯三明治附炸薯條
Club sandwich with French fries

303-C2
曼哈頓蛤蜊巧達湯
Manhattan clam chowder

303-C3
炸麵糊鮭魚條附塔塔醬
Salmon Orly with tartar sauce

303-C4
英式米布丁附香草醬
Rice pudding English style with vanilla sauce

題組總材料表

項目	名稱	數量
1	吐司麵包 (white bread)	8 片
2	蛋黃醬 (mayonnaise)	200ml
3	雞胸肉 (chicken breast)	300g
4	結球萵苣 (iceberg lettuce)	200g
5	培根 (bacon)	300g
6	雞蛋 (egg)，約 50g ／個，洗選蛋	10 個
7	冷凍馬鈴薯條 (French fries)	500g
8	油炸油 (fry oil)	3 liter
9	鹽 (salt)	50g
10	白胡椒粉 (white pepper powder)	20g
11	黑胡椒粉 (black pepper powder)	20g
12	蛤蜊 (clam)	1kg
13	胡蘿蔔 (carrot)，約 250g ／個	2 個
14	西芹菜 (celery)	400g
15	洋蔥 (onion)，約 250g ／個	2 個
16	青蒜苗 (leek)	300g
17	青椒 (green pepper)	100g
18	蒜頭 (garlic)	60g
19	紅番茄 (tomato)，約 150g ／個	6 個
20	月桂葉 (bay leaf)	6 片
21	百里香 (thyme)	10g
22	馬鈴薯 (potato)，約 250g ／個	2 個
23	辣椒汁 (tabasco)	10ml

項目	名稱	數量
24	辣醬油 (worcestershire sauce)	10ml
25	鮭魚 (salmon)	500g
26	油炸油 (fry oil)	2L
27	酸豆 (caper)	20g
28	牛奶 (milk)	500ml
29	中筋麵粉 (all purpose flour)	300g
30	香芹 (parsley)	50g
31	香草精或香草粉 (vanilla)	20ml / 20g
32	檸檬 (lemon)	1 個
33	白砂糖 (sugar)	100g
34	奶油 (butter)	500g
35	牙籤 (toothpick)	5 支
36	米 (rice)	300g

總匯三明治附炸薯條

Club sandwich with French fries

🎩 材料

吐司麵包 white bread / 6pc

蛋黃醬 mayonnaise / 80g

雞胸肉 chicken breast / 180g

結球萵苣 iceberg lettuce / 80g

培根 bacon / 100g

雞蛋 egg / 2ea

馬鈴薯條 french fries / 200g

紅番茄 tomato / 100g

油炸油 fry oil / 1lit

鹽及胡椒粉 seasoning ／適量

🎩 用具

平底鍋、烤麵包機一部、油炸鍋、餐盤二個

1. 結球萵苣泡冰塊礦泉水冰鎮，番茄切片，蛋煎成蛋皮，雞胸肉切片調味後煎上色至熟備用

2. 吐司烤上色後抹上蛋黃醬，培根對切後煎或烤至金黃脆

3. 一片吐司放上結球萵苣、番茄、培根，另一片吐司放結球萵苣、雞胸肉、蛋皮，將三片吐司疊起來，以牙籤固定

4. 將吐司邊修齊，切成四等份後盛盤

5. 薯條炸至熟並調味

6. 盛盤即成

製作說明

1. 吐司麵包須烤過，再抹蛋黃醬。
2. 餡料搭配要均勻。
3. 須使用牙籤固定切邊，刀工要整齊，不可將麵包壓過緊變形。
4. 一份成品切成四等分。
5. 炸薯條顏色須均勻酥脆，並調味。

製作步驟

步驟一：結球萵苣洗淨並泡冰水約 10 分（以衛生手法）。番茄洗淨去皮去籽切圓薄片，雞蛋打散煎成蛋皮，雞胸肉切薄片調味煎上色至熟備用。

步驟二：將吐司烤至金黃色並抹上蛋黃醬，培根對切後煎（或烤）至金黃色。

步驟三：炸薯條顏色須均勻酥脆並調味備用。

步驟四：第一片吐司依序放上結球萵苣、番茄片、培根，再蓋上第二片吐司，上面再結球萵苣、雞胸肉片及蛋皮，再蓋第三片吐司，插上牙籤後將吐司邊修齊切成 4 個三角形盛盤放上炸薯條即可。

曼哈頓蛤蜊巧達湯
Manhattan clam chowder

👨‍🍳 材料

蛤蜊 clam / 500g
培根 bacon / 50g
青椒 green pepper / 30g
大蒜 garlic / 10g
紅番茄 tomato / 40 g
月桂葉 bay leaf / 1pc
百里香 thyme / 1gr
馬鈴薯 potato / 40g
鹽及胡椒粉 seasoning ／適量
辣椒汁 tabasco / 4c.c.
辣醬油 worcestershire sauce /
4c.c.

調味用蔬菜 mirepoix
（洋蔥 onion / 100g
青蒜苗 leek / 100 g
西芹菜 celery / 100g
胡蘿蔔 carrot / 60g ）

👨‍🍳 用具

湯鍋一個、木杓一支、湯杓
一支、湯碗二個

取鍋加入調味蔬菜、水、月桂葉、百里香、白酒煮 10 分後放入蛤蜊煮熟撈起取肉備用，湯汁過濾備用

洋蔥、西芹菜、青蒜苗、番茄（去皮去籽）、青椒、馬鈴薯、培根切小丁 (0.5cm)，蒜頭切碎

熱鍋將培根、洋蔥、胡蘿蔔、馬鈴薯、蒜碎炒軟，加入過濾後的蛤蜊高湯熬煮 15 分（高湯底部雜質勿倒入）

再放入西芹菜、番茄、蒜苗、青椒、蛤蜊肉煮 1~2 分，同時撈出月桂葉及浮油後調味

盛碗後加入辣醬油

最後加入辣椒汁即成

▶ 製作說明

1. 蛤蜊先熬成高湯。
2. 蔬菜刀工（小丁，0.5 cm^3）均勻大小一致。
3. 蔬菜須炒軟後始加入蛤蜊高湯。
4. 番茄須去皮、去籽。
5. 湯面不可有浮油。

▶ 製作步驟

步驟一：取鍋加入水、調味蔬菜、月桂葉、百里香、白酒煮 10 分後放入蛤蜊煮熟撈起取肉備用，湯汁過濾備用。

步驟二：洋蔥、番茄（去皮去籽）青椒、馬鈴薯、培根都切 0.5cm 小丁備用，蒜頭切碎。

步驟三：取醬汁鍋將培根、洋蔥、蒜碎、洋蔥、胡蘿蔔、馬鈴薯炒軟，再入過濾後的蛤蜊高湯煮滾並小火微煮約 15 分、再放西芹菜、番茄、蒜苗、青椒、蛤蜊肉後煮 1~2 分，同時撈除月桂葉及浮油後並調味。

步驟四：盛碗以辣椒汁、辣醬油做裝飾即可。

303-C3
炸麵糊鮭魚條附塔塔醬
Salmon Orly with tartar sauce

🧑‍🍳 材料

鮭魚 fresh salmon / 500g

雞蛋 egg / 1ea

牛奶 fresh milk / 120c.c.

麵粉 bread flour / 100g

蛋黃醬 mayonnaise / 90g

洋蔥 onion / 40g

酸豆 caper / 15g

香芹 parsley / 3g

檸檬 lemon / 1ea

鹽及胡椒 seasoning ／適量

油炸油 fry oil / 1lt

🧑‍🍳 用具

油炸鍋一個、混合鋼盆一個、調味醬盅二個、夾子一支、主餐盤二個

重點步驟

鮭魚去皮、去刺切長條，用白酒、檸檬汁、鹽、胡椒醃漬

麵粉、牛奶、蛋黃、沙拉油、鹽、胡椒粉混合拌勻呈麵糊狀，拌入打發蛋白

將洋蔥碎、熟蛋碎、酸豆碎、香芹碎、檸檬汁加入蛋黃醬調味拌勻，盛入醬汁盅；檸檬切角備用

醃漬好的鮭魚微沾乾麵粉，再沾裹麵糊

入油鍋以 200 度油溫炸熟盛盤，香芹炸至酥脆

盛盤放上檸檬角、油炸香芹裝飾

製作說明

1. 鮭魚處理要乾淨，刀工須切成條狀，大小一致。
2. 鮭魚條要先醃漬。
3. 麵糊打勻無顆粒狀。
4. 炸鮭魚條要酥脆，麵糊要膨鬆、光滑呈金黃色。
5. 塔塔醬濃稠度適中。
6. 須用油炸香芹做裝飾。

製作步驟

步驟一：將鮭魚去皮去骨、刺，切長條（約切長 4.5cm~5cm、寬 0.8cm）用白酒、檸檬汁、調味料醃漬備用。

步驟二：備 2 個鋼盆將蛋白打發，另一鋼盆將蛋黃與牛奶打均勻再和麵粉、調味料及沙拉油，拌入打發蛋白調成麵糊（打勻無顆粒狀，打完麵糊醒 20 分再來炸會較酥脆）備用。

步驟三：雞蛋（以衛生手法）煮熟切碎，檸檬擠汁，洋蔥切碎，酸豆切碎並擠乾，香芹切碎並擠乾，以上拌入蛋黃醬、調味料拌勻即成塔塔醬。檸檬切角備用。

步驟四：將醃漬鮭魚先沾麵粉後沾麵糊，用 200 度的油炸至金黃色酥脆（須炸香芹做裝飾）擺盤後附上塔塔醬即可。

英式米布丁附香草醬

Rice pudding English style with vanilla sauce

👨‍🍳 材料

米 white rice / 150g
香草精或香草粉 vanilla / 16c.c.
檸檬 lemon / 1ea
糖 sugar / 60g
雞蛋 egg / 2ea
奶油 butter / 50g
牛奶 fresh milk / 420c.c.

👨‍🍳 用具

長條布丁模一個、混合鋼盆一個、木匙一支、點心盤二個

重點步驟

1 將檸檬皮切碎細，白米洗乾淨、取醬汁鍋將米與清水一起用小火煮約 10 分，再加牛奶成濃稠狀（米心要熟）

2 米煮熟後熄火、再加入蛋黃、糖、奶油、檸檬皮碎細攪拌均勻

3 布丁模鋪鋁箔紙或油紙，塗上一層奶油，倒入米布丁鋪勻，隔水入烤箱烤約 15~20 分（160 度），取出冰鎮冷藏

4 脫模取下鋁箔紙或油紙，切成 4 等份（1 片約 2cm 厚）盛盤

5 香草醬：牛奶、糖、香草精、拌勻煮至 60~70 度，入蛋黃快速攪拌至濃稠，冰鎮

6 淋上香草醬即成（每盤至少 2 片）

▶ 製作說明

1. 米要用適量水煮後，再加牛奶煮熟並加入蛋液調和。
2. 倒入模型，隔水加熱烤。
3. 香草醬的稠度要適當並冰涼。
4. 要冷藏後切片，每盤至少二片。

▶ 製作步驟

步驟一： 將檸檬皮切碎細，白米洗乾淨，取醬汁鍋將米與清水一起用小火煮約 10 分，再加牛奶成濃稠狀（米心要熟）。

步驟二： 米煮熟後熄火、再加入蛋黃、糖、奶油、檸檬皮碎細攪拌均勻。

步驟三： 布丁模型鋪鋁箔紙（或油紙）先抹上一層奶油，再將煮好的布丁米倒入布丁模型鋪勻，進烤箱以隔水加熱的方式在爐溫 160 度上烤約 15~20 分，後用冰水冷卻再包保鮮膜放入冰箱冷藏。脫模取下鋁箔紙（或油紙），切成四等份。

步驟四： 香草醬：備鋼盆將牛奶、糖、香草精拌，煮至 60~70 度左右再加蛋黃快速攪拌至濃稠，冷卻後進冰箱冰鎮。最後將香草醬汁淋上布丁即可。

303-D1
西班牙恩利蛋
Spanish omelette

303-D2
奶油玉米濃湯
Cream of corn soup

303-D3
培根、萵苣、番茄三明治
Bacon, lettuce and tomato sandwich

303-D4
義式海鮮飯
Seafood risotto

🌿 題組總材料表

項目	名稱	數量
1	雞蛋 (egg)， 約 50g ／個，洗選蛋	10 個
2	洋蔥 (onion)， 約 250g ／個	2 個
3	洋火腿 (ham)	100g
4	馬鈴薯 (potato)， 約 250g ／個	2 個
5	紅番茄 (tomato)， 約 150g ／個	4 個
6	香芹 (parsley)	50g
7	鹽 (salt)	50g
8	白胡椒粉 (whiter pepper powder)	20g
9	黑胡椒粉 (black pepper powder)	20g
10	玉米醬 (corn purée)	300g
11	鮮奶油 (cream U.H.T.)	300ml
12	雞高湯 (chicken stock)	2 liter
13	橄欖油 (olive oil)	120ml
14	月桂葉 (bay leaf)	6 片
15	奶油 (butter)	500g
16	培根 (bacon)	200g
17	結球萵苣 (iceberg lettuce)	200g
18	吐司麵包 (white bread)	8 片
19	蛋黃醬 (mayonnaise)	400ml
20	草蝦 (shrimp)， 24 尾／ 1kg	6 尾
21	巴美乳酪粉 (parmesan cheese)	60g
22	蒜頭 (garlic)	20g
23	九層塔 (basil)	20g

項目	名稱	數量
24	黑橄欖 (black olive)	30g
25	貽貝（淡菜）(mussel)	150g
26	冷凍生干貝 (scallop)	100g
27	花枝 (squid)	200g
28	米 (rice)	300g
29	魚高湯 (fish stock)	1 liter
30	白葡萄酒 (white wine)	100ml

303-D1

西班牙恩利蛋
Spanish omelette

👨‍🍳 **材料**

蛋 egg / 6ea
洋蔥 onion / 80g
火腿 ham square / 80g
馬鈴薯 potato / 120g
番茄 tomato / 120g
香芹 parsley / 10g
鹽及胡椒粉 seasoning ／適量
黑橄欖 black olive / 30g

👨‍🍳 **用具**

平底鍋一個、木杓一支、沙拉盤二個

重 點 步 驟

火腿、洋蔥、黑橄欖、番茄（去皮去籽）切丁，馬鈴薯切丁煮熟，香芹切碎

熱鍋炒香洋蔥，入熟馬鈴薯丁、火腿、黑橄欖炒熟後入番茄拌勻調味，分成兩份

使用衛生規定法敲出雞蛋，放入鋼盆，再加入鮮奶油、鹽、胡椒拌勻過濾後分成兩份，再熱鍋倒入蛋液，快速攪拌至 5 分熟

將炒好的蔬菜丁加入半熟蛋液中

撒上香芹入烤箱烤熟（不可煎焦或過於乾燥）

盛盤即成

▶ 製作說明

1. 蛋液是否均勻無雜質。
2. 蔬菜刀工要一致。
3. 注意火候要適宜，成品不煎焦或過於乾燥。
4. 蔬菜須炒過才可加入蛋液中，馬鈴薯要煮熟。
5. 西班牙恩利蛋是開面式而非捲椎或弦月形。
6. 可用香芹裝飾。

▶ 製作步驟

步驟一：火腿切丁，洋蔥、黑橄欖、番茄（去皮去籽）、馬鈴薯切丁煮熟，香芹切碎（蔬菜刀工一致）。

步驟二：熱鍋炒香洋蔥，入熟馬鈴薯丁、火腿、黑橄欖炒熟後入番茄拌勻調味，分成兩份。

步驟三：使用衛生打蛋法敲出雞蛋，放入鋼盆，再加入鮮奶油、鹽、胡椒拌勻過濾後分成兩份（3 顆蛋為一份），再熱鍋倒入蛋液，快速攪拌至 5 分熟。將炒好的蔬菜丁加入半熟蛋液中。

步驟四：撒上香芹入烤箱烤熟（不可煎焦或過於乾燥）盛盤即成（開面式）。

303-D2

奶油玉米濃湯
Cream of corn soup

🎩 材料

玉米醬 corn puree / 240g
鮮奶油 cream U.H.T. / 80c.c.
雞高湯 chicken stock / 600c.c.
麵粉 bread flour / 40g
月桂葉 bay leaf / 1pc
鹽及胡椒 seasoning ／適量
奶油 butter / 40g

🎩 用具

湯鍋一個、木杓一支、湯盤
兩個

熱鍋將奶油融化，加入月桂葉

加入麵粉

炒至糊狀

加入雞高湯拌勻，續煮 15 分，取出月桂葉

加入玉米醬，調味後，加入鮮奶油拌勻

盛碗後用鮮奶油裝飾即成

▶ 製作說明

1. 麵粉不可炒焦。
2. 濃湯要均勻無顆粒狀。
3. 濃湯色澤要呈淡乳黃色。
4. 濃湯濃稠度要適當。
5. 可用鮮奶油做裝飾。

▶ 製作步驟

步驟一：熱鍋將奶油融化，加入月桂葉、麵粉炒至糊狀。

步驟二：加入雞高湯拌勻，續煮 15 分後取出月桂葉，加入玉米醬，調味後，入鮮奶油拌勻（濃湯色澤要呈淡乳黃色），盛碗後用鮮奶油裝飾即成。

培根、萵苣、番茄三明治
Bacon, lettuce and tomato sandwich

材料

培根 sliced bacon / 6pc
結球萵苣 iceberg lettuce /
140g
番茄 tomato / 1ea
吐司麵包 white bread / 4pc
蛋黃醬 mayonnaise / 80g

用具

平底鍋一個、沙拉盤二個、
烤麵包機

重 點 步 驟

番茄切片，結球萵苣用礦泉水加冰塊冰鎮（番茄厚薄要一致，萵苣要生脆）

培根對切，烤至香脆（也可煎至香脆），吸油備用

吐司用烤麵包機烤至金黃色，抹上蛋黃醬

吐司放上結球萵苣、番茄片、培根

將吐司整齊疊起後，吐司邊修齊

切成三角形，即可盛盤（三明治組織要堅固，刀工要完整）

▶ 製作說明

1. 吐司麵包要烤過。
2. 培根要煎或烤至金黃色。
3. 萵苣菜葉要生脆，番茄片厚薄要一致。
4. 切割方式不限。
5. 三明治組織要堅固，刀工要完整。
6. 內餡不漏出。

▶ 製作步驟

步驟一：番茄洗淨去皮並切圓薄片，結球萵苣洗淨泡冰水並濾乾，（可裝在保鮮盒並放進冰箱）。

步驟二：取平底鍋將培根煎（或烤）至金黃色有酥脆，並用紙巾吸油備用。

步驟三：吐司用烤麵包機烤至金黃色，再抹上蛋黃醬。

步驟四：吐司放上結球萵苣及番茄片、培根，將吐司邊修齊，切成三明治，組織要堅固，刀工要完整（只要修整齊，邊不要修太多要不然會取量不足）。

義式海鮮飯
Seafood risotto

🎩 材料

草蝦 grass shrimp / 6 尾
淡菜 green mussel / 150g
冷凍生干貝 scallop / 100g
花枝 squid / 200g
米 white rice / 220g
白葡萄酒 white wine / 100c.c.
橄欖油 olive oil / 80c.c.
大蒜 garlic / 20g
洋蔥 onion / 60g
魚高湯 fish stock / 800c.c.
巴美乳酪粉 parmesan cheese / 30g
鹽及胡椒 seasoning ／適量

🎩 用具

平底鍋一個、木杓一支、餐盤或湯盤二個

重點步驟

花枝切圈、淡菜去殼、草蝦去殼去頭尾去腸泥、干貝洗淨以白酒醃漬冷藏備用

洋蔥、蒜頭切碎後,以橄欖油炒香,再加魚高湯、海鮮料、白酒炒至 7 分熟

將熟海鮮撈起備用,入米拌炒再加魚高湯拌煮

將米飯煮至 8 分熟 (al dente)

放入海鮮料調味後拌入少許巴美乳酪粉

盛盤並撒上巴美乳酪粉即成

製作說明

1. 海鮮處理要乾淨,刀工要一致。
2. 海鮮要有適當冷藏。
3. 生米烹調要有炒香的動作。
4. 米飯濕稠度要適中,口感要八分熟 (al dente)。
5. 調味要適當並加入巴美乳酪粉。

製作步驟

步驟一:花枝切圈、淡菜去殼,草蝦去頭尾去殼及腸泥、干貝洗淨以白酒醃漬,海鮮冷藏備用。

步驟二:蒜頭及洋蔥切碎入鍋放橄欖油炒香後,加進魚高湯、海鮮料、白酒拌炒(海鮮煮熟並撈起),再加米略微拌炒加魚高湯。

步驟三:用文火燉煮至米心 8 分,米飯濕稠度要適中、再入已煮熟海鮮料,並拌均勻調味後加入少許巴美乳酪粉,盛盤時再撒上巴美乳酪粉即可。

303-E1
早餐煎餅

Pancake

303-E2
海鮮沙拉附油醋汁

Seafood salad with vinaigrette

303-E3
法式焗洋蔥湯

French onion soup au gratin

303-E4
羅宋炒牛肉附菠菜麵疙瘩

Sauteed beef stroganoff with spinach spaetzle

題組總材料表

項目	名稱	數量
1	低筋麵粉 (cake flour)	500g
2	鹽 (salt)	50g
3	白砂糖 (sugar)	100g
4	發粉 (baking powder)	20g
5	雞蛋 (egg)，約 50g／個，洗選蛋	6 個
6	牛奶 (milk)	1L
7	奶油 (butter)	500g
8	草蝦 (shrimp)，24 尾／1kg	6 尾
9	貽貝（淡菜）(mussel)	150g
10	花枝 (squid)	200g
11	鮭魚 (salmon)	120g
12	結球萵苣 (iceberg lettuce)	200g
13	白酒醋 (white wine vinegar)	100ml
14	橄欖油 (olive oil)	300ml
15	蒜頭 (garlic)	50g
16	九層塔 (basli)	20g
17	白胡椒粉 (white pepper powder)	20g
18	黑胡椒粉 (black pepper powder)	20g
19	洋蔥 (onion)，約 250g／個	6 個
20	牛高湯 (beef stock)	2 liter
21	法國麵包 (French bread)	2 片
22	葛利亞乳酪 (gruyere cheese)	100g
23	牛臀肉 (beef rump)	400g
24	洋菇 (button mushroom)	200g

項目	名稱	數量
25	沙拉油 (salad oil)	100ml
26	牛骨肉汁 (beef gravy)	1 liter
27	白葡萄酒 (white wine)	300ml
28	菠菜 (spinach)	200g
29	高筋麵粉 (bread flour)	300g
30	荳蔻粉 (nutmeg)	5g
31	酸奶油 (sour cream)	100g
32	酸黃瓜 (pickle)	60g
33	楓糖漿 (maple syrup)	50g
34	胡蘿蔔 (carrot)，約 250g／個	1 個
35	西芹菜 (celery)	100g
36	月桂葉 (bay leaf)	6 片
37	百里香 (thyme)	5g
38	檸檬 (lemon)，約 100g／個	1 個
39	紅蔥頭 (shallot)	50g

早餐煎餅
Pancake

🍳 材料

麵粉 cake flour / 160g
鹽 salt / 1g
白砂糖 sugar / 40g
發粉 baking powder / 6g
雞蛋 fresh egg / 2ea
牛奶 fresh milk / 80c.c.
奶油 butter / 30g
沙拉油 salad oil / 35c.c.
楓糖漿 maple syrup / 40c.c.

🍳 用具

平底鍋一個、混合鋼盆一個、打蛋器一支、煎鏟一支、點心盤二個、調味醬盅二個

重 點 步 驟

將蛋黃加入牛奶拌勻,加入白砂糖、鹽、麵粉、發粉拌勻

加入沙拉油拌勻備用(醒 20 分)

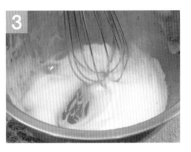

蛋白加白砂糖打至濕性發泡

將麵糊倒入打發蛋白中拌均勻

潤鍋加少許奶油,倒入麵糊煎至金黃色,翻面續煎至熟(厚度大小要一致約 5cm 厚,直徑約 10cm)

盛盤附上楓糖漿及奶油

▶ 製作說明

1. 麵糊濃稠度要適中無顆粒。
2. 注意火候要小,煎油量要少。
3. 成品不焦黃,顏色金黃,色澤均勻。
4. 成品組織要鬆弛,厚薄大小要一致(厚度約 0.5cm,直徑約 10cm),每盤二片以上。
5. 奶油及楓糖漿另附,不可淋上。
6. 發粉用量適中。

▶ 製作步驟

步驟一:將蛋黃加入牛奶拌勻,再加入白砂糖、鹽、麵粉、發粉打均勻之後,最後加入沙拉油攪拌均勻備用(麵糊打好時,要讓它醒 20 分)。蛋白打至濕性發泡。

步驟二:蛋白加入白砂糖打至濕性發泡之後(將打蛋器提起時,蛋白不會掉落但尖端下垂,即為濕性發泡)分次加入步驟一的麵糊混合均勻。

步驟三:熱鍋後加入奶油,舀入一杓麵糊成一小圓餅,將兩面都煎至呈金黃色。

步驟四:成品組織要鬆弛,厚薄大小要一致(厚度約 0.5cm,直徑約 10cm)每盤二片以上。奶油及楓糖另附,不可淋上。

303-E2

海鮮沙拉附油醋汁

Seafood salad with vinaigrette

👨‍🍳 材料

草蝦 grass shrimp / 6 尾
淡菜 mussel / 150g
花枝 squid / 200g
鮭魚 salmon / 120g
結球萵苣 iceberg lettuce /
160g
白酒醋 white wine vinegar /
30c.c.
橄欖油 olive oil / 60c.c.
洋蔥 onion / 80g
大蒜 garlic / 8g
九層塔 chopped basil / 5g

鹽及胡椒粉 seasoning ／適量
胡蘿蔔 carrot / 40g
西芹菜 celery / 40g
月桂葉 bay leaf / 1pc
百里香 thyme / 1g
檸檬 lemon / 1ea

👨‍🍳 用具

平底鍋一支、湯鍋一個、混
合鋼盆一個、打蛋器一支、
煎鏟一支、沙拉盤二個、調
味醬盅一個

重點步驟

海鮮調味高湯：將調味蔬菜、水、月桂葉、百里香、胡椒煮滾，再以小火煮約 10 分後放入海鮮料至熟

花枝切圈、淡菜去殼、鮭魚切條狀、草蝦去腸泥，一同燙至熟，撈起冰鎮，草蝦去殼，入冰箱冷藏

結球萵苣切絲泡冰塊礦泉水冰鎮瀝乾備用，檸檬切成角狀備用

油醋汁 (3:1)：白酒醋加入洋蔥碎、九層塔碎、蒜碎、橄欖油攪拌至濃稠後盛於醬汁盅

結球萵苣絲鋪底，擺上海鮮料

盛盤淋上少許橄欖油微拌，附上檸檬角

▶ 製作說明

1. 海鮮處理刀工要一致。
2. 要用海鮮調味高湯 (court bouillon) 烹調海鮮且烹調溫度要適當。
3. 海鮮烹調後須冷藏保鮮。
4. 須附檸檬角 (wedge)。
5. 萵苣菜要有鮮脆感並瀝乾水分。
6. 油醋汁要注意油醋比例 (3:1)。

▶ 製作步驟

步驟一：海鮮調味高湯：將調味蔬菜、水、月桂葉、百里香、胡椒煮滾，再以小火煮約
10 分後放入海鮮料至熟。

步驟二：海鮮洗淨，花枝切圈、淡菜去殼、鮭魚切條狀、草蝦去腸泥（海鮮處理刀工一
致），一同燙至熟，撈起以冰塊水冰鎮，草蝦去殼，入冰箱冷藏。

步驟三：結球萵苣切絲泡冰塊礦泉水冰鎮瀝乾備用，檸檬切角備用。

步驟四：油醋汁 (3:1)：白酒醋加入洋蔥碎、九層塔碎、蒜碎、橄欖油攪拌至濃稠後盛於
醬汁盅。結球萵苣絲鋪底，擺上海鮮料，並加少許橄欖油微拌（拌入少許橄欖
油，海鮮會油亮有光澤），附上檸檬角。

303-E3

法式焗洋蔥湯
French onion soup au gratin

🍳 材料

洋蔥 onion / 400g
奶油 butter / 50g
牛高湯 beef stock / 800c.c.
法國麵包 french bread / 2pc
葛利亞乳酪 gruyere cheese /
80g
鹽及胡椒粉 seasoning ／適量
月桂葉 bay leaf / 1pc

🍳 用具

湯鍋一個、平底鍋一個、湯
杓一支、木杓一支、湯碗二
套

重點步驟

法國麵包切片，放上葛利亞乳酪

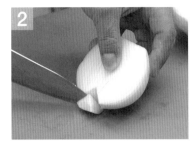
洋蔥去蒂頭切細絲（細絲厚薄要均勻）

熱鍋奶油入洋蔥絲、月桂葉炒軟，炒至金黃色加入一匙麵粉，加入牛骨高湯熬煮 30 分

撈出多餘的浮油，撈除月桂葉後調味（湯要熬煮成褐色）

盛碗，放入法國麵包及葛利亞乳酪用明火烤箱烤至金黃色

成品（乳酪浮於湯上）

▶ 製作說明

1. 洋蔥切絲大小厚薄要均勻。
2. 洋蔥要炒至金黃色始可加入高湯。
3. 湯汁濃稠度要適中，並放上麵包及葛利亞乳酪焗烤。
4. 焗好後乳酪成金黃色，浮於湯上。

▶ 製作步驟

步驟一：法國麵包切片，放上葛利亞乳酪。洋蔥去蒂頭切細絲（細絲大小厚薄要均勻）。

步驟二：熱鍋奶油入洋蔥絲、月桂葉炒軟，炒至金黃色加入一匙麵粉，入牛骨高湯（約800c.c.）熬煮 30 分（湯要熬成褐色，濃稠度適中）。

步驟三：撈出多餘的浮油，撈除月桂葉後以鹽、胡椒調味。

步驟四：盛碗，放入法國麵包及葛利亞乳酪用明火烤箱烤至金黃色。成品（乳酪浮於湯上）。

羅宋炒牛肉附菠菜麵疙瘩

Sauteed beef stroganoff with spinach spaetzle

👨‍🍳 材料

牛肉 beef / 400g
洋蔥 onion / 60g
洋菇 button mushroom / 180g
沙拉油 salad oil / 90c.c.
牛骨肉汁 beef gravy / 400c.c.
白葡萄酒 white wine / 120c.c.
鹽及胡椒 seasoning ／適量
菠菜 spinach / 180g
酸黃瓜 pickle / 50g
荳蔻粉 nutmeg / 2gr
麵粉 bread flour / 90g
牛奶 fresh milk / 30c.c.

奶油 dbutter / 120g
酸奶油 sour cream / 30g
紅蔥頭 shallot / 50g
胡蘿蔔 carrot / 40g
月桂葉 bay leaf / 1pc

👨‍🍳 用具

平底鍋一個、湯鍋一個、麵
疙瘩網一個、餐盤二個

重點步驟

牛肉逆文切片,用白酒、鹽、胡椒、麵粉醃漬,胡蘿蔔、酸黃瓜切條,洋蔥切粗絲,紅蔥頭切片

菠菜取葉子,加水用果汁機打成泥,加入麵粉、牛奶調味拌勻

用單手燒鍋熱水並加鹽,放上麵疙瘩網後,倒入麵糊以刮刀快速壓入水中,煮熟後瀝乾

熱鍋炒香牛肉取出備用;熱鍋炒香洋蔥、洋菇、胡蘿蔔、白酒、牛骨肉汁熬煮濃稠,入炒過的牛肉、酸黃瓜調味

熱鍋以奶油炒香麵疙瘩,加入荳蔻粉拌炒,調味盛盤

盛盤後附上酸奶油即成

製作說明

1. 牛肉切片,紋路要正確,刀工要均勻,並用白葡萄酒料醃漬。
2. 熱鍋炒牛肉片後,並盛出備用。
3. 先炒洋蔥、洋菇片後,再放入酸黃瓜及炒過之牛肉片拌炒。
4. 牛骨肉汁烹調時應濃縮成半。
5. 菠菜麵疙瘩要有筋度,色澤應翠綠,須加入荳蔻粉拌炒。
6. 成品須用酸奶油裝飾。

製作步驟

步驟一:牛肉逆紋切片,用白酒、鹽、胡椒、麵粉醃漬,胡蘿蔔、酸黃瓜切條,洋蔥切粗絲、紅蔥頭切片。
步驟二:菠菜取葉子,加水用果汁機打成泥,加入麵粉、牛奶調味拌勻。
步驟三:熱鍋燒水加鹽,放上麵疙瘩網後,入麵糊以刮刀快速壓入水中、煮熟後瀝乾。
步驟四:熱鍋炒香牛肉取出備用;另外熱鍋炒香洋蔥、洋菇、胡蘿蔔,再加白酒、牛骨肉汁熬煮至濃稠後,加入炒過的牛肉、酸黃瓜調味。
步驟五:熱鍋以奶油炒香麵疙瘩加入荳蔻粉調味。盛盤後附上酸奶油裝飾即成。

MEMO

Western Culinary

4

PART

西餐烹調丙級

學科測試試題及解答

工作項目 02 ▶ 食物的性質及選購

1. (3) 動物性鮮奶油 (Cream) 係由下列何物製成？ (1) 牛脂肪 (2) 牛肥肉 (3) 牛乳 (4) 牛瘦肉。

2. (3) 魚子醬 (Caviar) 是由下列何種魚類的卵製成？ (1) 皇帝魚 (Sole) (2) 鱒魚 (Trout) (3) 鱘魚 (Sturgeon) (4) 鮪魚 (Tuna)。

3. (2) 肉品處理室應保持在何種攝氏溫度？ (1)11~14 度 (2)15~18 度 (3)19~22 度 (4)23~26 度。

4. (4) 下列何種食物之纖維較多？ (1) 雞肉 (2) 鱸魚 (3) 櫻桃 (4) 西洋芹。

5. (2) 下列何項調味料是西餐烹調極少使用的？ (1) 精鹽 (2) 味精 (3) 胡椒粉 (4) 砂糖。

6. (1) 下列何者屬於黃桔色蔬菜？ (1) 胡蘿蔔 (2) 紅甜菜 (Beet Root) (3) 洋芋 (4) 高麗菜。

7. (3) 下列哪一項不是蛋在西餐烹調時的用途？ (1) 澄清劑 (2) 凝固劑 (3) 潤滑劑 (4) 乳化劑。

8. (2) 除了矯臭、賦香、著色等作用外，香辛料還有下列哪一種作用？ (1) 焦化作用 (2) 辣味作用 (3) 醣化作用 (4) 軟化作用。

9. (2) 香辛料的保存方法除了應避免光線、濕氣及高溫外，還應避免？ (1) 震動 (2) 空氣接觸 (3) 搖晃 (4) 噪音。

10. (3) 下列何物是西餐烹調所用醃浸液 (Marinade) 的材料之一？ (1) 米酒 (2) 米酒頭 (3) 葡萄酒 (4) 紹興酒。

11. (3) 當西餐食譜只提到要調味 (Seasoning)，而沒說明何種調味料時指的是什麼？ (1) 鹽和味精 (2) 糖和醋 (3) 鹽和胡椒 (4) 糖和鹽。

12. (2) 西餐烹調的基本調味料是指何物？ (1) 醬油和味精 (2) 鹽和胡椒 (3) 糖和醋 (4) 糖和鹽。

13. (1) 西餐烹調所使用的胡椒有四種顏色，除了黑、白、綠色外還有哪一色？ (1) 紅 (2) 藍 (3) 黃 (4) 褐。

14. (1) 下列何種蔬菜，其可食用部位主要為莖部？ (1) 青蒜 (Leek) (2) 玉米 (Sweet Corn) (3) 朝鮮薊 (Artichoke) (4) 萵苣 (Lettuce)。

15. (3) 蘆筍可食部分主要為何部位？ (1) 根部 (2) 葉部 (3) 芽部 (4) 花部。

16. (4) 奶油 (Butter) 中含量僅次於油脂的成分為何？ (1) 蛋白質 (2) 乳醣 (3) 無機鹽 (4) 水分。

17. (3) 奶油 (Butter) 中乳脂肪 (Milkfat) 含量大約多少？ (1)100% (2)90% (3)80% (4)70%。

18. (2) 奶油 (Butter) 在鍋中溶解成液體狀的溫度約是攝氏幾度？ (1)26 度～ 29 度 (2)32 度～ 35 度 (3)45 度～ 48 度 (4)55 度～ 58 度。

19. (4) 奶油 (Butter) 的冒煙點 (Smoke Point) 溫度約是攝氏幾度？ (1)97 度 (2)107 度 (3)117 度 (4)127 度。

20. (1) 含鹽奶油 (Salted Butter) 中鹽分含量約多少？ (1)2.5% (2)3.5% (3)4.5% (4)5.5%。

21. (2) 選購香辛料時應如何判斷其品質？ (1) 價格最高者品質最佳 (2) 有標示且信用良好的品牌較佳 (3) 多年保存者香味沉重 (4) 透明容器受光度夠者較佳。

22. (4) 選購香辛料時應如何判斷其品質？ (1) 價格高者品質佳 (2) 透明容器受光度較夠 (3) 多年保存者香味沉重 (4) 用深色容器包裝者較佳。

23. (2) 鯷魚 (Anchovy) 是屬於何類？ (1) 淡水魚類 (2) 海水魚類 (3) 兩棲類 (4) 甲殼類。

24. (1) 下列何者為淡水魚？ (1) 虹鱒 (Rainbow Trout) (2) 鱈魚 (Rock Cod) (3) 板魚 (Lemon Sole) (4) 鯡魚 (Herring)。

25. (2) 玉蜀黍 (Maize) 屬於下列何類食物？ (1) 蔬菜類 (2) 五穀類 (3) 水果類 (4) 豆莢類。

26. (3) 香辛料中番紅花 (Saffron) 的主要功能是： (1) 矯臭作用 (2) 酸味作用 (3) 著色及賦香作用 (4) 辣味作用。

27. (1) 香辛料中葛縷子籽 (Caraway Seed) 的主要功能是： (1) 矯臭及賦香作用 (2) 酸味作用 (3) 著色作用 (4) 辣味作用。

28. (2) 香辛料中鼠尾草 (Sage) 的主要功能是下列何者？ (1) 酸味作用 (2) 矯臭及賦香作用 (3) 著色作用 (4) 辣味作用。

29. (2) 紅龍蝦 (Lobster) 和紫斑龍蝦 (Crawfish) 最大的不同特徵在於何處？ (1) 觸鬚 (2) 鉗爪 (3) 尾巴 (4) 腳部。

30. (4) 乳酪 (Cheese) 通常是由何種乳汁加工製作？ (1) 牛乳 (2) 羊乳 (3) 牛羊乳混合 (4) 牛乳、羊乳或牛羊乳混合均可。

31. (3) 鮭魚 (Salmon) 通常長至幾年時會游向大海？ (1) 六個月左右 (2) 一年左右 (3) 二年左右 (4) 三年左右。

32. (2) 鮭魚 (Salmon) 通常長至幾年時肉質最鮮美？ (1) 二年 (2) 三年 (3) 四年 (4) 五年。

33. (4) 下列何者不是食品「真空包裝」的目的？ (1) 抑制微生物生長 (2) 防止脂肪氧化 (3) 防止色素氧化 (4) 防止食物變形。

34. (2) 冷凍食品能有很長的保存期限，是因為低溫冷凍有何作用？ (1) 殺死食物中所有微生物 (2) 抑制微生物生長 (3) 完全抑制食物酵素作用 (4) 使食物不會發生化學變化。

35. (3) 醃黃瓜 (Pickle) 因製作時加入何種物質才有良好的保存性？ (1) 防腐劑 (2) 香料 (3) 鹽 (4) 色素。

36. (4) 德國酸菜 (Sauerkraut) 是利用何種加工原理製作的？ (1) 冷藏 (2) 乾燥 (3) 殺菌 (4) 發酵。

37. (2) 香辛料 (Spices) 多經何種加工方法處理？ (1) 冷凍 (2) 乾燥 (3) 發酵 (4) 殺菌。

38. (1) 醃漬蔬菜的風味多因何種微生物的生長造成的？ (1) 乳酸菌 (2) 酵母菌 (3) 硝化菌 (4) 丙酸菌。

39. (3) 西餐烹調材料之小鹹魚 (Anchovy) 是以何種魚類加工製成？ (1) 鮪魚 (2) 鯡魚 (3) 鯷魚 (4) 丁香魚。

40. (4) 下列何者稱為冷凍食品？ (1) 將新鮮的食物放在冰箱中冷凍 (2) 將新鮮食物處理後急速冷凍於攝氏零下 40 度 (3) 將新鮮的食物煮熟後冷凍起來 (4) 將新鮮食物處理後急速冷凍於攝氏零下 18 度。

41. (1) 市售的酸酪乳 (Yoghurt) 的製造是藉何種乳品發酵凝結而成？ (1) 牛乳 (2) 羊乳 (3) 牛羊混合乳 (4) 駱駝乳。

42. (3) 下列何者是牛乳酸敗的主要原因？ (1) 氧化分解 (2) 濕度影響 (3) 酵素作用 (4) 通風效果。

43. (2) 培根 (Bacon) 是以何種方法製造的？ (1) 加熱法 (2) 鹽漬法 (3) 糖漬法 (4) 脫水法。

44. (1) 下列何種食用色素是我國禁止使用的？ (1) 紅色二號 (2) 紅色六號 (3) 黃色四號 (4) 黃色五號。

45. (3) 下列何種食品添加物常用於香腸、熱狗的製作？ (1) 硼砂 (2) 紅色二號 (3) 亞硝酸鹽 (4) 亞硫酸鹽。

46. (2) 依食品衛生法規，醃漬肉品時每公斤肉可添加多少以下的硝？　(1)0.05 公克　(2)0.07 公克　(3)0.09 公克　(4)0.11 公克。

47. (3) 依食品衛生法規，食用人工色素有哪幾種顏色？　(1) 黃橙綠藍　(2) 紅橙黃綠　(3) 紅黃綠藍　(4) 紅橙黃藍。

48. (1) 依食品衛生法規，紅色食用色素有哪幾號類？　(1)6、7、40 號　(2)6、7、8 號　(3)8、10、40 號　(4)6、10、14 號。

49. (2) 依食品衛生法規，黃色食用色素有哪幾號類？　(1)3、4 號　(2)4、5 號　(3)5、6 號　(4)6、7 號。

50. (2) 依食品衛生法規，綠色食用色素為幾號？　(1)2 號　(2)3 號　(3)4 號　(4)5 號。

51. (1) 依食品衛生法規，藍色食用色素有哪幾號類？　(1)1、2 號　(2)2、3 號　(3)3、4 號　(4)4、5號。

52. (4) 下列何種現象極易發生在含多量碳水化合物之食品？　(1) 腐敗　(2) 氧化　(3) 變酸　(4) 發霉。

53. (3) 下列何種現象極易發生在含多量蛋白質之食品？　(1) 變酸　(2) 氧化　(3) 腐敗　(4) 發霉。

54. (2) 下列食品何者容易發霉？　(1) 沙拉油　(2) 麵包　(3) 豬肉　(4) 海鮮。

55. (3) 食品包裝的英文標示 "Recipe" 是指　(1) 內容物成分　(2) 內容物重量　(3) 成分及烹調方法　(4) 包裝的方法。

56. (1) 食品包裝的英文標示 "Directions" 是指　(1) 食品材料的使用方法　(2) 菜餚的調味方法　(3) 成分的分析方法　(4) 主廚的指示方法。

57. (2) 食品包裝的英文標示 "Natural Ingredients" 是指　(1) 人造的食品材料成分　(2) 天然的食品材料成分　(3) 混合的食品材料成分　(4) 特殊的食品材料成分。

58. (4) 食品包裝上的英文標示 "Artificial Flavor" 是指　(1) 天然的味道　(2) 特殊的味道　(3) 專供減肥的味道　(4) 加工製造的味道。

59. (1) 食品包裝的英文標示 "Servings" 是指　(1) 供應菜餚的人份　(2) 價差的定量　(3) 烹調的方法　(4) 供應的方式。

60. (2) 在北半球蘆筍 (Asparagus) 的最佳產期是何時？　(1)1~3 月　(2)4~6 月　(3)7~9 月　(4)10~12 月。

61. (3) 就奶粉與鮮奶的比較，下列何者是奶粉的優點？　(1) 口感好　(2) 風味佳　(3) 容易保存　(4) 適合調理。

62. (4) 沙朗牛排 (Sirloin Steak) 是牛體的哪一部位？　(1) 前腿部　(2) 腹部　(3) 後腿部　(4) 背肌部。

63. (2) 洋芋是下列何物的俗稱？　(1) 蕃薯　(2) 馬鈴薯　(3) 馬蹄薯　(4) 涼薯。

64. (4) 下列何者為果菜類？　(1) 莧菜　(2) 芋類　(3) 草菇　(4) 茄子。

65. (3) 下列何者不是葉菜類？　(1) 萵苣　(2) 菠菜　(3) 花菜　(4) 高麗菜。

66. (3) 下列何種油脂適用於油炸食物？　(1) 沙拉油　(2) 花生油　(3) 酥油 (Shortening)　(4) 油炸油 (fry oil)。

67. (4) 下列有關油炸食物的敘述何者正確？　(1) 將油熱到發煙，再放入食物　(2) 炸海鮮應以中溫油炸（攝氏 170~180 度）　(3) 一次放入大批食物炸，較省時又省油　(4) 油顏色變深、起泡沫，表示品質劣化。

68. (3) 粉 (Breaded) 炸食物的裹衣通常有幾層處理？　(1) 一層　(2) 二層　(3) 三層　(4) 四層。

69. (1) 下列有關粉 (Breaded) 炸食物的裹衣程序何者正確？　(1) 麵粉→蛋液→酥炸屑　(2) 麵漿→蛋液→酥炸屑　(3) 蛋液→麵粉→酥炸屑　(4) 蛋液→麵漿→酥炸屑。

70. (2) 下列有關油炸食物的敘述何者正確？ (1) 食物黏在一起或黏鍋乃因油溫太高 (2) 炸出的食物不夠脆乃因油溫不夠高 (3) 炸出的食物顏色太深乃因油溫不夠高 (4) 成品吸了太多油乃因油溫太高。

71. (3) 法蘭克福香腸 (Frankfurter) 的主食材為何？ (1) 牛肉 (2) 豬肉 (3) 牛、豬肉 (4) 犢牛肉。

72. (4) 培根片 (Sliced bacon) 是取自何部位豬肉製成的？ (1) 後腿部 (2) 前腿部 (3) 腰肉部 (4) 腹肉部。

73. (2) 貝爾尼司醬 (Bearnaise sauce) 應如何處理以防變質？ (1) 適溫冷藏 (2) 儘速食用完畢 (3) 加熱煮開 (4) 急速冷凍。

74. (4) 食用高級精鹽中通常加有下列何種物質？ (1) 鉀 (2) 硫 (3) 胡椒 (4) 碘。

75. (3) 食用高級精鹽中加碘的作用為何？ (1) 增加價值感 (2) 提升風味 (3) 強化營養 (4) 避免潮濕。

76. (2) 風味精鹽中加芹菜味的主要作用為何？ (1) 增加價值感 (2) 提升風味 (3) 保持營養 (4) 避免潮濕。

77. (2) 西餐烹調使用的醋大多由下列何者發酵製造的？ (1) 米 (2) 水果 (3) 花草 (4) 玉米。

78. (4) 西餐食用醋的酸度應在多少百分比以上？ (1)0.5% (2)1.5% (3)2.5% (4)3.5%。

79. (3) 下列何種香料在西餐烹調中使用量最大？ (1) 丁香 (2) 薄荷葉 (3) 胡椒 (4) 月桂葉。

80. (1) 火腿製造過程中加糖是何作用？ (1) 增加風味 (2) 保持肉色 (3) 增加營養 (4) 改善外觀。

81. (4) 火腿製造過程中加鹽除了抑制細菌生長外還有何作用？ (1) 沖淡甜味 (2) 保持肉色 (3) 提升水量 (4) 增加風味。

82. (1) 火腿製造過程中加入磷酸鹽 (Phosphate) 是何作用？ (1) 保持濕潤有彈性 (2) 保持肉色 (3) 提升甜味 (4) 增加風味。

83. (3) 下列何者是法國諾曼地最著名的水果？ (1) 黃杏 (2) 鴨梨 (3) 蘋果 (4) 水蜜桃。

84. (4) 食品包裝標示的 "Ingredients" 是何意？ (1) 烹調方法 (2) 食品風味 (3) 服務方法 (4) 食品成分。

85. (3) 食品包裝標示的 "Cooking method" 是何意？ (1) 服務方法 (2) 食品風味 (3) 烹調方法 (4) 食品成分。

86. (2) 根據美國農業部 (USDA) 肉類及肉製品品質分類等級的規定，下列何者為最高級？ (1) U.S.Choice (2)U.S.Prime (3)U.S.Good (4)U.S.Standard。

87. (1) 有關沙朗牛排 (Sirloin Beef)，下列何者敘述錯誤 (1) 肉質最嫩的牛排 (2) 切割自牛背部腰肉 (loin) 以下，臀肉 (rump) 以上 (3) 適合燒烤 (4) 肉質內有筋膜口感具嚼勁。

88. (3) 烹調傳統義大利名菜歐索布可 (Osso Buco) 取材自哪一品種食材部位？ (1) 橫切豬的帶骨脛腿肉 (knuckleof Pork) (2) 橫切羊的帶骨脛腿肉 (knuckle of Mutton) (3) 橫切小牛的帶骨脛腿肉 (knuckle of veal) (4) 橫切牛的帶骨脛腿肉 (knuckle of Beef)。

89. (4) 義大利香腸 (salami) 是以下列何種方式製成？ (1) 水煮 (2) 醃製 (3) 溼醃 (4) 風乾、煙燻或併用兩種。

90. (1) 下列蔬菜及其種類之配對何項不正確？ (1) 根菜類－松露 (2) 葉菜類－蘿蔓生菜 (3) 芽菜類－苜蓿芽 (4) 花菜類－朝鮮薊。

91. (3) 下列香料的敘述中，何者正確？ (1)「因陳高」稱「比薩香料」 (2)「番紅花」是西點最常用的香料之一 (3)「鬱金香粉」是「咖哩粉」的主要原料之一 (4) 在製作「德國酸菜」會使用「肉桂粉」來矯臭及賦香。

92. (3) 有關下列敘述何者錯誤？ (1) 洋蔥為調味蔬菜 (mire prox) 的一種 (2) 洋蔥適合做為沙拉食材 (3) 洋蔥屬於根菜類 (4) 蒜苗屬於鱗莖菜類。

93. (1) 凱撒沙拉 (Caesar salad) 是西餐中一道經典菜餚，其主要的材料內容組合為 (1) 蘿美生菜 (romaine)、鯷魚 (anchovy)、帕瑪森乳酪 (parmesan cheese) (2) 美生菜 (lettuce)、雞肉片 (chicken)、巧達乳酪 (cheddar cheese) (3) 紅葉生菜 (red leaf)、蘋果 (apple)、檸檬汁 (lemon juice) (4) 美生菜 (lettuce)、鮪魚 (tuna)、橄欖 (olive)、油醋汁 (vinegar oil)。

94. (2) 西班牙飯 (Paella) 呈現出金黃色澤，是因為烹調時加入下列哪一種香料？ (1) 迷迭香 (Rosemary) (2) 番紅花 (Saffron) (3) 肉桂 (Cinnamon) (4) 丁香 (Clove)。

95. (2) 傳統真正帕馬森乾酪 (Parmesan cheese) 應該是 (1) 罐裝粉狀 (2) 製作一公斤 Parmesan cheese 需 16 公升牛奶 (3) 一種藍黴起司 (4) 一種白黴起司。

96. (2) 傳統巴薩米黑醋 (balsamic) 下列敘述何者錯誤？ (1) 來自煮好的葡萄汁 (2) 初放在橡木桶發酵 (3) 經過 2 年熟成每年換桶 (4) 用於提味。

97. (3) 法式純第戎芥末醬 (Dijon Mustard) 是由下列何種原料製造？ (1) 薑黃根粉 (2) 葛縷子 (3) 芥末籽 (4) 葡萄籽。

98. (3) 蛋黃醬是利用蛋黃和油的何種特性？ (1) 黏著性 (2) 稠化性 (3) 乳化性 (4) 凝固性。

99. (1) 美國農業部 (USDA) 規定，美國 A 級牛肉應是幾個月齡被屠宰？ (1)9 至 30 個月 (2)31 至 42 個月 (3)45 至 73 個月 (4)72 至 96 個月。

100. (4) 肋眼牛排指哪一部位牛肉？ (1) 後腿肉 (rump) (2) 前腰脊肉 (strip loin) (3) 菲力 (tenderloin) (4) 去骨含肉眼肋脊肉 (Ribeye)。

101. (1) 下列哪一種香料味道辛香，俗稱為披薩香料？ (1)Oregano (2)Tarragon (3)Rosemary (4)Marjoram。

102. (3) 調味蔬菜 (Mirepoix) 最主要的三種成分為：甲：洋蔥、乙：番茄、丙：西洋芹、丁：胡蘿蔔 (1) 甲乙丙 (2) 乙丙丁 (3) 甲丙丁 (4) 甲乙丁。

103. (1) 下列乳酪 (Cheese) 中，何者實地堅硬且可被磨成粉末使用？ (1) 巴美乳酪 (Parmesan) (2) 摩扎瑞拉乳酪 (Mozzarella) (3) 馬司卡邦乳酪 (Mascarpone) (4) 卡門貝爾乳酪 (Camembert)。

104. (2) 在西班牙海鮮飯 (Paella) 中，加入香辛料番紅花 (Saffron) 的主要作用為何？ (1) 矯臭 (2) 著色 (3) 辣味 (4) 甜味。

105. (3) 辛香料或香草可浸泡在油或醋中，其主要功效是 (1) 保色 (2) 保鮮 (3) 萃取香味 (4) 美觀。

106. (4) 烹調中加入酒去萃取 (deglaze) 食物味道，是利用下列哪一項功能？ (1) 提高沸點 (2) 促使食物發酵 (3) 引發乳化作用 (4) 風味食物易溶於酒精。

107. (1) 將不飽和脂肪酸以化學處理，在雙鍵處加入氫，結構中的雙鍵減少，進而轉成飽和度高的固態脂稱作 (1) 氫化 (2) 冬化 (3) 水解 (4) 氧化 作用。

108. (2) 大豆所提煉的沙拉油是一種經過 (1) 氫化 (2) 冬化 (3) 水解 (4) 氧化 烹調用油。

109. (4) 花青素在酸性的環境中呈 (1) 紫紅色 (2) 藍色 (3) 綠色 (4) 紅色。

110. (1) 商業性的油炸油是一種部分氫化的烹調用油較穩定，生產過程會增加 (1) 反式脂肪酸 (2) 不飽和脂肪酸 (3) 甘油 (4) 膽固醇。

工作項目 03 ▶ 食物貯存

1. (1) 攝氏零下 18 度換算為華氏幾度？　(1)0 度　(2)5 度　(3)10 度　(4)15 度。
2. (3) 華氏零度換算為攝氏幾度？　(1)0 度　(2) 零下 9 度　(3) 零下 18 度　(4) 零下 27 度。
3. (3) 攝氏零度換算為華氏幾度？　(1)12 度　(2)22 度　(3)32 度　(4)42 度。
4. (4) 維持冷凍食品之品質，其貯藏溫度應控制在攝氏幾度？　(1) 零下 15 度　(2) 零下 16 度　(3) 零下 17 度　(4) 零下 18 度。
5. (2) 下列何者不是一般冷凍食品的優點？　(1) 清潔衛生　(2) 可保食品原有風味　(3) 減少廚房廢棄物　(4) 可免前處理。
6. (1) 下列何者是一般冷凍食品的正確解凍方法？　(1) 低溫解凍　(2) 加水蒸煮解凍　(3) 流水解凍　(4) 室溫解凍。
7. (1) 鮮乳保存在攝氏幾度時其品質狀況最好？　(1)0~5 度　(2)6~7 度　(3)8~9 度　(4)10~11 度。
8. (2) 通常下列何處是冷藏庫的高溫區？　(1) 最內側　(2) 近門處　(3) 中心處　(4) 牆角處。
9. (3) 維護與清潔廚房冷凍庫的工作是誰的責任？　(1) 食品供應商　(2) 老板　(3) 廚師　(4) 採購員。
10. (4) 誰應了解並做好維護與清潔廚房冷凍庫的工作？　(1) 食品供應商　(2) 老板　(3) 採購員　(4) 廚師。
11. (3) 維護與清潔廚房的工作是誰的責任？　(1) 廠商　(2) 老板　(3) 廚師　(4) 採購員。
12. (2) 誰應了解並做好維護與清潔廚房的工作？　(1) 食品供應商　(2) 廚師　(3) 採購員　(4) 老板。
13. (1) 下列何者不是新鮮食品的保存方法？　(1) 加防腐劑　(2) 冷凍　(3) 冷藏　(4) 塑膠袋包裝。
14. (1) 下列哪種食品在室溫中可貯存達一星期？　(1) 果醬　(2) 土司麵包　(3) 萵苣　(4) 青花菜。
15. (2) 麵包製成後需要如何處理才宜冷凍保存？　(1) 趁熱冷凍　(2) 冷卻後冷凍　(3) 微溫冷凍　(4) 趁熱急速冷凍。
16. (3) 何者為貯存麵包的最佳溫度？　(1) 室溫　(2) 冷藏　(3) 冷凍　(4) 高溫。
17. (4) 下列何種食物不適合冷凍貯存？　(1) 莓果類 (Berries)　(2) 青豆仁　(3) 冰淇淋　(4) 萵苣。
18. (4) 一般細菌須在攝氏幾度以上生長才會受到抑制？　(1)35 度　(2)45 度　(3)55 度　(4)60 度。
19. (3) 馬鈴薯保存在攝氏幾度最適宜？　(1)1~5 度　(2)6~10 度　(3)11~15 度　(4)16~20 度。
20. (1) 冷凍食品從製造到販賣的過程中應維持攝氏零下幾度為宜？　(1)18 度　(2)17 度　(3)16 度　(4)15 度。
21. (3) 香蕉保存的溫度以攝氏幾度為宜？　(1)0~5 度　(2)6~10 度　(3)13~15 度　(4)20~24 度。
22. (1) 下列何種食品冷藏在攝氏 4 度可保持新鮮度達三週？　(1) 甜菜 (Beet)　(2) 黃瓜　(3) 洋菇　(4) 香蕉。
23. (2) 冷藏庫中貯存物間應保持多少距離冷氣較易流通？　(1)5 公分　(2)10 公分　(3)15 公分　(4)20 公分。
24. (3) 下列何者為熱帶水果？　(1) 蘋果　(2) 水蜜桃　(3) 鳳梨　(4) 草莓。
25. (3) 冷凍庫的相對濕度 (RH%) 介於何者間最為適當？　(1)55~65　(2)65~75　(3)75~85　(4)85~95。

26. (1) 下列何者為庫房之出貨原則？ (1) 先進先出 (2) 後進先出 (3) 平均混合方式 (4) 隨機方式。

27. (1) 蘋果應貯存於下列何種攝氏溫度？ (1)7 度以下 (2)8~10 度 (3)11~13 度 (4)14 度以上。

28. (1) 冷凍庫的相對濕度 (RH%) 若不足時，則冷凍食品表面容易產生何種情況造成品質不良？ (1) 乾燥 (2) 潮濕 (3) 腐爛 (4) 碎化。

29. (4) 食品保存原則以下列何者最重要？ (1) 方便 (2) 營養 (3) 經濟 (4) 衛生。

30. (4) 酸奶油 (Sour Cream) 在冷藏庫的保存期限約多久？ (1)1 週 (2)2 週 (3)3 週 (4)4 週。

31. (3) 下列攝氏溫度何者最適宜長期儲存葡萄酒 (Wine)？ (1)1~5 度 (2)5~10 度 (3)10~15 度 (4)15~20 度。

32. (2) 生鮮魚類未能一次處理完畢時，應以冰塊覆蓋其上並儲存於何處較宜？ (1) 冷凍庫 (2) 冷藏庫 (3) 烹調室 (4) 保麗龍盒。

33. (4) 熟食之熱藏溫度依衛生法規應設定在攝氏多少度以上？ (1)35 度 (2)45 度 (3)55 度 (4)60 度。

34. (2) 冷藏儲存食物量應佔其容積多少百分比以下？ (1)40% (2)60% (3)80% (4)100%。

35. (4) 下列何種食物不可用室溫貯存法？ (1) 奶粉 (2) 白糖 (3) 香料 (4) 鮮奶油 (Fresh cream)。

36. (1) 包心萵苣 (iceberg) 應保存在攝氏多少度間？ (1)3~5 (2)8~10 (3)13~15 (4)18~20 度。

37. (2) 能將食物之酸度提高而使細菌無法生存的是下列何種方法？ (1) 水漬法 (2) 醋漬法 (3) 鹽漬法 (4) 脫水法。

38. (3) 有關寒帶生鮮蔬果儲存的方法，下列何者是錯誤的？ (1) 無低溫障害之水果應儲存在冷藏庫 (2) 水果儲存前不應水洗 (3) 水果去皮可耐儲存 (4) 蔬菜和水果的儲存方法都一樣。

39. (4) 採購之魚類在冷藏儲存前應作何處理？ (1) 不須處理直接冷藏 (2) 外表洗淨後即冷藏 (3) 除去鱗片洗淨後再冷藏 (4) 除去鱗片、魚腮及內臟等洗淨後再冷藏。

40. (4) 有關乳品儲存，下列何者是錯誤的？ (1) 鮮乳應儲存在攝氏 0~5 度間 (2) 乳酪 (Cheese) 要緊密包裝 (3) 鮮奶開封後保存期限縮短 (4) 奶粉在室溫下可保存 5 年。

41. (4) 下列何種食物在攝氏 4 度可保持 2 星期？ (1) 魚肉 (2) 禽肉 (3) 菠菜 (4) 西洋芹菜。

42. (3) 有關食品的冷凍儲存，下列何者是錯誤的？ (1) 保存期限視食物種類而異 (2) 烹煮過的食物冷凍儲存保存期限較長 (3) 儲存溫度上下波動並不會影響品質 (4) 食品適用與否不能單以包裝上標示的保存期限為準。

43. (2) 下列何種原料在室溫中可儲放最久？ (1) 麵粉 (2) 吉力丁 (Gelatin) (3) 麵包粉 (4) 全麥麵粉。

44. (4) 驗收食物 (品) 時最需注意的是下列何者？ (1) 物美價廉 (2) 送貨時間 (3) 是否合季節 (4) 品質與數量。

45. (2) 卡達乳酪 (Cottage cheese) 應放在攝氏幾度保存？ (1)-5 至 -2 (2)1~5 (3)7~10 (4)12~15 度。

46. (3) 愛摩塔乳酪 (Emmental cheese) 應放在攝氏幾度的庫房保存？ (1)-5 至 -1 (2)0~4 (3)5~10 (4)11~15 度。

47. (4) 乳酪 (Cheese) 應放在多少相對濕度 (RH%) 的庫房保存？ (1)20~30 (2)40~50 (3)60~70 (4)80~90。

48. (1)　下列何者水果熟成應單獨貯存而不應與其他水果共同貯存？　(1) 蘋果　(2) 西瓜　(3) 柳丁　(4) 葡萄。

49. (1)　新鮮雞肉 (Fresh Chicken) 冷藏可保存多少天？　(1)2　(2)4　(3)6　(4)8 天。

50. (1)　乳製品及蛋類的最佳貯存溫度和相對濕度應為　(1)7~15℃，50~60%　(2)3~5℃，75~85%　(3)-18~-1℃，75~85%　(4)7~15℃，85~95%。

51. (4)　乾貨的最佳貯存溫度和相對濕度是　(1)-18℃ 以下，75~85%　(2)3~5℃，75~85%　(3)5~9℃，85~95%　(4)10~21℃，50~ 60%。

52. (1)　採購規格表 (purchase specifications) 的內容不包括下列哪一項？　(1) 營養成分　(2) 重量　(3) 包裝要求　(4) 產品等級。

53. (4)　食材盤點是庫存管理上非常重要的工作，下列何者不是盤點的主要功能？　(1) 財務部門記帳的依據　(2) 訂貨與採購的依據　(3) 存貨差異與產能控制的依據　(4) 辦理退貨的依據。

54. (3)　下列有關食品原料運送儲存的敘述，何者錯誤？　(1) 冷凍食品送來時，應保持冰凍狀態　(2) 選擇蔬菜以莖直、無斷、結實者為佳　(3) 真空包裝生熟食食品，儲放於室溫　(4) 家禽類應注意新鮮度，存放越久，味道越差。

55. (2)　解僵的牛肉放在 2~4℃ 冷藏數日，酵素自體分解，使肉質變軟，稱為什麼？　(1) 乳化作用　(2) 熟成作用　(3) 均質作用　(4) 酸化作用。

56. (4)　新鮮香草儲存方法　(1) 泡在冰塊中　(2) 放在乳製品冷藏冰箱　(3) 放在冷凍冰箱　(4) 紙巾包起來放進塑膠袋裡，放在蔬菜保鮮區冷藏冰箱。

57. (1)　香蕉與未熟的綠番茄應在何種溫度下繼續成熟？　(1) 室溫　(2)-18℃　(3)-5℃　(4) 冰溫。

58. (1)　新鮮的牛奶的儲存，下列何者錯誤？　(1) 新鮮的牛奶應呈酸性反應　(2) 買前應識別盒上有無製造日期、有效期間標示　(3) 牛奶或奶製品如不冷藏保存，只一天或數小時即會變壞　(4) 盛奶器皿應乾淨。

59. (4)　下列關於食物倉儲必備條件的敘述，何者正確？　(1) 儲存空間大小與顧客的翻桌率無關　(2) 食品應以先進後出為原則　(3) 冷風口最冷應盡量堆存其附近　(4) 走入式的冰箱應備有自內開啟安全開關。

60. (1)　下列何項規定最易造成餐廳的採購、驗收工作出現弊端？　(1) 採購與驗收工作由同一人來執行　(2) 訂定食材規格時，會考慮到供應商的供貨能力　(3) 招標單上訂定規格，必要時可以附圖片說明　(4) 每次交貨時，供應商應列具清單一式多份給驗收單位。

61. (1)　魚肉儲存應　(1) 包裹後放在置滿冰塊容器中，放在冷藏庫中儲存　(2) 存放在室溫陰涼處　(3) 不需去內臟即可儲存　(4) 放在冷藏冰箱可超過三天。

62. (3)　有關水產魚蝦類產品，下列何者正確？　(1) 活魚活蝦產品運輸應維持低溫無氧狀態　(2) 冷凍魚類應凍結成一團　(3) 冷凍魚類運輸應維持 -18℃以下　(4) 頭和內臟在低溫時 (5℃) 無自腐性。

63. (4)　下列何種蔬菜不應儲存在 10~18℃ 乾燥陰暗處？　(1) 洋芋　(2) 葫蘆瓜　(3) 洋蔥　(4) 美生菜。

64. (3)　奶油發煙點約在　(1)57~60℃　(2)77~80℃　(3)127~130℃　(4)177~180℃。

65. (1)　澄清奶油 (clarified butter) 主要功用在於　(1) 增高發煙點　(2) 減少膽固醇　(3) 減少風味　(4) 減少顏色。

66. (4)　活的生蠔，可在濕冷狀態 (5℃) 存活約　(1)1 個月　(2)3 週　(3)2 週　(4)1 週。

67. (3)　冷凍魚類解凍應如何處理？　(1) 解凍後未使用完，可再冷凍　(2) 應放在室溫解凍　(3) 應放在冷藏冰箱解凍　(4) 放在烤箱中加熱解凍。

68. (1) 下列食品儲存敘述何者正確？ (1) 最下層陳列架應距離地面約 15 公分避免蟲害受潮 (2) 食品應越盡量靠近冷藏庫風扇位置較冷 (3) 冷藏庫應把握「上生下熟原則」 (4) 上架應保持原包裝不可拆箱。

69. (3) 新鮮蔬果儲存應要 (1) 不可拆除包裝塑膠袋 (2) 減少空間浪費可擠壓疊放 (3) 蔬菜以溼布覆蓋避免水分流失 (4) 拆封食品應不需再封存進冰箱。

70. (2) 下列何種食物放在冷藏庫比放在室溫效果好？ (1) 辣椒 (2) 萵苣 (3) 洋芋 (4) 香蕉。

71. (3) 餐廳儲存各類食物，有其適宜的溫度。下列敘述何者錯誤？ (1) 乳類、肉類－攝氏 4 度或以下 (2) 新鮮蔬菜－攝氏 15~20 度 (3) 海鮮－攝氏零下 10 度或以下 (4) 冷凍儲藏－攝氏零下 18~23 度。

72. (4) 下列何種新鮮香草適合放在室溫避免凍傷？ (1) 蒔蘿 (2) 茵陳高 (3) 百里香 (4) 羅勒。

工作項目 04 ▶ 食物製備

1. (2) 煎法國吐司 (French toast) 供餐時烹調上應如何處理較好？ (1) 先沾蛋液再泡牛奶 (2) 先泡牛奶再沾蛋液 (3) 先沾麵包粉再泡牛奶蛋混合液 (4) 先泡牛奶蛋混合液後沾麵包粉。

2. (1) 下列何者不是西餐肉品綁緊定型 (Trussing) 的目的？ (1) 增進風味 (2) 美化外觀 (3) 容易切割 (4) 易於烹調。

3. (1) 為避免變色而將馬鈴薯置冷水中，應不超過多久才不損其風味？ (1)1 小時 (2)2 小時 (3)3 小時 (4)4 小時。

4. (2) 雞肉烹調前要徹底清洗乾淨的主要目的為何？ (1) 去除過多的油脂 (2) 清除排泄物的汙染 (3) 為求較佳的味道 (4) 較容易烹調。

5. (4) 下列何者不是匈牙利牛肉湯 (Hungerian goulash soup) 的製作材料？ (1) 洋蔥 (2) 牛肉 (3) 馬鈴薯 (4) 菠菜。

6. (3) 下列何者是匈牙利牛肉湯 (Hungerian goulash soup) 供餐時可當盤飾的材料？ (1) 葡萄酒 (2) 脆麵包丁 (Croutons) (3) 酸奶油 (Sourcream) (4) 水果球。

7. (2) 要烹調出清澈的雞肉清湯 (Chicken consomme) 應如何製備？ (1) 多重過濾 (2) 細火慢煮 (3) 用熱湯煮 (4) 烈火快煮。

8. (3) 下列何種切割方式引起細菌汙染的程度最快、最多？ (1) 肉塊 (2) 肉片 (3) 絞肉 (4) 肉絲。

9. (3) 下列何處是生剝蛤蜊 (Clam) 最佳的下刀處？ (1) 上殼 (2) 下殼 (3) 圓嘴處 (4) 尖嘴處。

10. (3) 烹調羹湯調味，通常在何時段加入鹽最恰當？ (1) 前段 (2) 中間 (3) 後段 (4) 隨時。

11. (2) 水波煮 (Poaching) 的烹調溫度約為攝氏幾度 (1)55~65 度 (2)70~80 度 (3)85~95 度 (4)100~110 度。

12. (3) 慢煮 (Simmering) 的烹調溫度約為攝氏幾度？ (1)55~65 度 (2)70~80 度 (3)85~95 度 (4)100~110 度。

13. (3) 下列何者為佛羅倫斯雞胸附青豆飯 (Chicken breast Florentin style with risibisi) 菜餚所含的蔬菜？ (1) 青花菜 (Broccoli) (2) 羅蔓菜 (Romaine lettuce) (3) 菠菜 (Spinach) (4) 波士頓萵苣 (Boston lettuce)。

14. (4) 下列何者為佛羅倫斯雞胸 (Chicken breast Florentin style) 菜餚的下中上層的組合程序？ (1) 雞胸肉、菠菜、乳酪奶油調味醬 (Mornay sauce) 並撒上巴美乳酪粉 (Parmesan) (2)

乳酪奶油調味醬、菠菜、雞胸肉並撒上巴美乳酪粉　(3) 乳酪奶油調味醬、雞胸肉、菠菜並撒上巴美乳酪粉　(4) 菠菜、雞胸肉、乳酪奶油調味醬並撒上巴美乳酪粉。

15. (1)　下列何者是香草餡奶油泡芙 (Cream puff with vanilla custard filling) 之泡芙麵糊的正確製法？　(1) 冷麵粉等材料加入煮開的奶油水中攪拌　(2) 煮開的奶油水加入冷麵粉等材料中攪拌　(3) 冷麵粉等材料加入奶油冷水中攪拌　(4) 奶油冷水加入冷麵粉等材料中攪拌。

16. (2)　澄清湯 (Consomme) 是屬於何種湯類烹調成的？　(1) 濃湯 (Thick soup)　(2) 清湯 (Clear soup)　(3) 奶油湯 (Creamsoup)　(4) 漿湯 (Pureesoup)。

17. (2)　奶油青花菜濃湯 (Cream of broccoil soup) 之青花菜應如何處理濃湯才能呈淡綠色澤？　(1) 殺菁後即與湯體共煮　(2) 殺菁後留部分與湯體打泥回鍋烹調　(3) 不需殺菁直接烹調　(4) 不需殺菁留下裝飾用即可。

18. (4)　蒜苗馬鈴薯冷湯 (Vichyssoise) 應以下列何種容器盛裝？　(1) 玻璃杯　(2) 湯盤　(3) 馬克杯　(4) 湯杯。

19. (2)　蛋黃醬 (Mayonnaise) 乳化狀態最穩定的溫度約攝氏幾度？　(1)5~10 度　(2)25~30 度　(3)35~40 度　(4)40~45 度。

20. (3)　乳酪奶油焗鱸魚排附水煮馬鈴薯 (Seabass filletalamornay with boiledpotato) 之魚排切出後魚骨應如何處理才正確？　(1) 丟垃圾桶以免汙染環境　(2) 放進冰箱保鮮不使用　(3) 煮成高湯備用　(4) 煮熟後作盤飾使用。

21. (3)　下列何種魚是凱撒沙拉 (Caesar salad) 的材料之一？　(1) 燻鮭魚　(2) 鰈魚　(3) 鯷魚　(4) 鱒魚。

22. (4)　油醋沙拉醬 (Vinaigrette) 之主要油脂材料為何？　(1) 鮮奶油　(2) 奶油　(3) 牛油　(4) 植物油。

23. (1)　熬煮白高湯 (White stock) 所用的骨頭材料何者最不適？　(1) 牛骨　(2) 豬骨　(3) 魚骨　(4) 雞骨。

24. (3)　下列什麼材料是熬煮褐高湯 (Brown stock) 之褐色來源？　(1) 加醬油　(2) 加醬色　(3) 烤肉骨與調味用蔬菜　(4) 加色素。

25. (3)　褐高湯 (Brown stock) 的褐色是因加熱產生何種變化所致？　(1) 凝固作用　(2) 膠化作用　(3) 焦化作用　(4) 蒸氣作用。

26. (3)　麵糊 (Roux) 在烹調上的功效為何？　(1) 焦化　(2) 軟化　(3) 稠化　(4) 液化。

27. (2)　下列何者是乳酪奶油焗鱸魚排附水煮馬鈴薯 (Seabass fillet a la mornay with boiled potato) 之魚骨烹煮成高湯後的使用第一步驟？　(1) 煮馬鈴薯　(2) 煮魚排　(3) 煮乳酪奶油調味醬 (Mornay sauce)　(4) 煮蔬菜。

28. (1)　油炸食物時油溫最適合的溫度？　(1)180 度　(2)190 度　(3)200 度　(4)210 度。

29. (1)　烹調奶油濃湯 (Cream soup) 是否須加入鮮奶油 (Cream)？　(1) 要加　(2) 不可加　(3) 視情況　(4) 只能加乳酪。

30. (2)　油炸食物要如何才能降低油炸鍋中油脂氧化作用？　(1) 多炸高水分食物　(2) 多用高溫油炸　(3) 多用低溫油炸　(4) 多炸高鹽食物。

31. (3)　在何種油溫油炸食物，含油量會比較高？　(1) 高溫　(2) 中溫　(3) 低溫　(4) 與溫度無關。

32. (2)　要有色澤金黃，鬆脆好吃的炸薯條 (French fries)，應油炸幾次？　(1)1 次　(2)2 次　(3)3 次　(4)4 次。

33. (3)　下列何者是乳酪奶油焗鱸魚排附水煮馬鈴薯 (Seabass fillet a la mornay with boiled potato) 之魚骨烹煮成高湯後的使用第二步驟？　(1) 煮馬鈴薯　(2) 煮魚排　(3) 煮乳酪奶油調味醬 (Mornay sauce)　(4) 煮蔬菜。

34. (4) 下列何者是煎烤馬鈴薯 (Potato cocotte) 的正確製備法？ (1) 先用奶油煎熟再烤 (2) 直接煎烤 (3) 先用滾水煮熟再煎烤 (4) 先用冷水煮開再煎烤。

35. (1) 下列何者是煎烤馬鈴薯 (Potato cocotte) 的正確形狀？ (1) 指寬圓柱矩形 (2) 指寬橄欖形 (3) 指寬正方形 (4) 指寬圓柱半月形。

36. (1) 下列何者是煎烤馬鈴薯 (Potato cocotte) 之馬鈴薯的正確烹調法？ (1) 煎後加蓋烘烤 (2) 煎後不加蓋烘烤 (3) 煎後加牛奶加蓋烘烤 (4) 煎後加牛奶不加蓋烘烤。

37. (4) 漢堡 (Hamburger) 原本是哪一國的食物？ (1) 瑞士 (2) 法國 (3) 奧國 (4) 德國。

38. (3) 漢堡 (Hamburger) 現今是哪一國的速食代表物？ (1) 奧國 (2) 法國 (3) 美國 (4) 德國。

39. (2) 下列何者是原汁烤全雞 (Roasted chicken au jus) 的正確烹調法？ (1) 先對切成半後烘烤 (2) 整隻烘烤 (3) 先切成四大塊後烘烤 (4) 先切八塊後烘烤。

40. (2) 巧達湯 (Chowder) 是起源自哪一國的名湯？ (1) 奧國 (2) 法國 (3) 美國 (4) 德國。

41. (3) 曼哈頓巧達湯 (Manhattan chowder) 現今是哪一國的名湯？ (1) 奧國 (2) 法國 (3) 美國 (4) 德國。

42. (3) 巧達湯 (Chowder) 原屬哪一類湯餚？ (1) 牛肉湯 (2) 蔬菜湯 (3) 海鮮湯 (4) 羊肉湯。

43. (3) 下列何者是煎恩利蛋 (Omelette) 一人份的標準用蛋量？ (1) 一個 (2) 二個 (3) 三個 (4) 四個。

44. (4) 羅宋湯 (Russian borsch) 是哪裡的名湯？ (1) 呂宋 (2) 美國 (3) 法國 (4) 俄羅斯。

45. (1) 下列何者是美（英）式早餐炒蛋的英文名稱？ (1)Scrambled egg (2)Fried egg (3)Boiled egg (4)Poached egg。

46. (1) 下列何者是義大利蔬菜湯 (Minestrone) 湯體濃稠度的來源？ (1) 本身材料 (2) 麵粉 (3) 麵包粉 (4) 蛋黃醬。

47. (3) 下列哪種乳酪 (Cheese) 較常搭配於義大利麵食？ (1) 藍紋 (Blue) (2) 卡曼堡 (Camembert) (3) 巴美。

48. (2) 食用燻鮭 (Smoked salmon) 時，哪一項材料不適合搭配？ (1) 洋蔥 (2) 蒜頭 (3) 檸檬 (4) 酸豆 (Caper)。

49. (1) "Hors d'Oeuvre" 是指餐譜中哪一道菜？ (1) 開胃前菜 (2) 美味羹湯 (3) 珍饌主菜 (4) 餐後甜點。

50. (2) "Appetizer" 是指餐譜中哪一道菜？ (1) 珍饌主菜 (2) 開胃前菜 (3) 美味羹湯 (4) 餐後甜點。

51. (2) 阿拉伯回教徒的菜單中不宜使用何種食物？ (1) 牛肉 (2) 豬肉 (3) 羊肉 (4) 雞肉。

52. (3) 吃素者菜單宜以下列何種食物為主？ (1) 魚肉 (2) 羊肉 (3) 蔬菜 (4) 蛋類。

53. (1) 下列何者是炸豬排烹調前拍打的主要作用？ (1) 鬆弛肉質 (2) 增加重量 (3) 易去脂肪 (4) 不易塑型。

54. (2) 下列何者是炸豬排烹調前拍打的主要作用？ (1) 增加重量 (2) 易於入味 (3) 易去脂肪 (4) 不易塑型。

55. (3) 下列何者是炸豬排烹調前拍打的主要作用？ (1) 增加重量 (2) 易去脂肪 (3) 易於塑型 (4) 不易塑型。

56. (2) 馬鈴薯用水煮熟後冷卻的方法有下列哪一種？ (1) 冷水沖 (2) 冷風吹 (3) 溫水沖 (4) 放冰箱。

57. (4) 下列何者不屬烹調熱源導熱法？ (1) 傳導法 (2) 對流法 (3) 輻射法 (4) 感應法。

58. (3) 明火烤爐 (Salamander) 是何種導熱法？ (1) 傳導法 (2) 對流法 (3) 輻射法 (4) 感應法。

59. (1) 煎爐 (Griddle) 是何種導熱法？ (1) 傳導法 (2) 對流法 (3) 輻射法 (4) 感應法。

60. (2) 迴風烤箱 (Convection oven) 是何種導熱法？ (1) 傳導法 (2) 對流法 (3) 輻射法 (4) 感應法。

61. (2) 油炸烹調 (Deep-Frying) 是何種導熱法？ (1) 傳導法 (2) 對流法 (3) 輻射法 (4) 感應法。

62. (2) 下列何者是蔬菜片湯 (Paysanne soup) 的蔬菜刀工正確形狀？ (1) 長方片形 (2) 正方片形 (3) 三角片形 (4) 梯片形。

63. (4) 下列何者是切割法中最細的刀工？ (1) 塊 (Chop) (2) 丁 (Dice) (3) 粒 (Brunoise) (4) 末 (Mince)。

64. (1) 最適宜雞尾酒會 (Cocktail party) 供應之宴會小點其大小規格為何？ (1) 可一口食用者 (2) 愈大塊愈實際 (3) 愈小愈精緻 (4) 依食物種類而異。

65. (2) 通常亨利蛋 (Omelette) 需使用幾顆雞蛋？ (1)4 (2)3 (3)2 (4)1 顆。

66. (1) 西餐早餐雞蛋的烹調除了有水波蛋、水煮蛋、煎蛋、炒蛋外還有哪些？ (1) 亨利蛋 (2) 蒸蛋 (3) 烘蛋 (4) 滷蛋。

67. (2) 匈牙利燴牛肉 (Beef goulash) 必須加下列何物？ (1) 紅辣椒粉 (2) 紅甜椒粉 (3) 番茄醬 (4) 番茄汁。

68. (2) 冷凍薯條 (French fries) 應如何烹調？ (1) 解凍再炸 (2) 直接油炸 (3) 先燙再烤 (4) 直接烘烤。

69. (3) 西餐的主菜 (Main course) 大多數是指下列何類食物？ (1) 澱粉類 (2) 蔬菜類 (3) 肉品類 (4) 水果類。

70. (4) 下列何者不是牛排烹調法之生熟度的用語？ (1)Rare (2)Medium (3)Well done (4)Raw。

71. (4) 西式早餐除了單點式 (a la carte) 及歐陸式 (Continental) 外還有下列何者？ (1) 法式 (2) 俄式 (3) 德式 (4) 美式。

72. (3) 油炸新鮮薯條，炸半熟後應再以攝氏幾度炸至全熟？ (1)160 (2)170 (3)180 (4)200 度。

73. (1) 食物用水來殺菁 (Blanching) 時水溫是攝氏多少度？ (1)100 (2)90 (3)80 (4)70 度。

74. (4) 食物用油來殺菁 (Blanching) 時油溫是攝氏多少度？ (1)150 (2)160 (3)170 (4)180 度。

75. (3) 殺菁 (Blanching) 時食物與水量的比率是多少？ (1)1:1 (2)1:5 (3)1:10 (4)1:15。

76. (2) 煮水波蛋 (Poached egg) 時水溫是攝氏多少度？ (1)50~60 (2)70~80 (3)90~100 (4)110~120。

77. (3) 油炸 (Deep-Fryng) 時油溫是介於攝氏多少度間？ (1)80~100 (2)120~150 (3)160~180 (4)200~230 度。

78. (3) 蔬菜是否可以燒烤 (Broiling)？ (1) 可以 (2) 不可以 (3) 視種類而定 (4) 須先燙過才可。

79. (4) 下列何種肉質適合燉煮 (Braising)？ (1) 菲力牛排 (2) 丁骨牛排 (3) 牛肝 (4) 牛後腿。

80. (1) 下列何種食物適合燴 (Stewing)？ (1) 雞肉 (2) 菠菜 (3) 麵條 (4) 鮭魚。

工作項目 05 器皿與盤飾

1. （3） 下列何種器皿適合微波爐使用？ (1) 琺瑯器 (2) 銀銅器 (3) 陶瓷器 (4) 不鏽鋼器。

2. （2） 水果盤之裝飾以何種材料最適宜？ (1) 香芹 (Parsley) (2) 薄荷葉 (3) 生（萵苣）菜葉 (4) 鮮花朵。

3. （4） 通常盛裝熱菜的盤子保溫櫃溫度保持在攝氏幾度最適宜？ (1)30 度 (2)40 度 (3)50 度 (4)60 度。

4. （3） 主菜牛排類宜用何種器皿盛裝？ (1) 沙拉盤 (2) 點心盤 (3) 主菜盤 (4) 魚肉盤。

5. （4） 什錦沙拉中的蔬菜顏色宜如何調配？ (1) 全一色 (2) 各種顏色蔬菜分開 (3) 不須講究 (4) 混合輕拌。

6. （1） 傳統開胃菜宜用何種器皿盛裝？ (1) 沙拉盤 (2) 主菜盤 (3) 點心盤 (4) 魚肉盤。

7. （4） 下列何者不是做為盤飾的蔬果須有的條件？ (1) 外形好且乾淨 (2) 用量不可以超過主體 (3) 葉面不能有蟲咬的痕跡 (4) 添加食用色素。

8. （4） 製作盤飾時，下列何者較不重要？ (1) 刀工 (2) 排盤 (3) 配色 (4) 火候。

9. （1） 熱食不宜盛裝於 (1) 塑膠盤 (2) 不鏽鋼盤 (3) 陶製盤 (4) 瓷盤。

10. （1） 盛裝帶汁之甜點器皿以何種材質較恰當？ (1) 玻璃 (2) 銀器 (3) 木材 (4) 不鏽鋼。

11. （1） 西餐牛排烹調時可以加入少許 (1) 葡萄酒 (2) 冰淇淋 (3) 咖啡 (4) 番茄醬。

12. （4） 牛排置於瓷盤客人要求加熱時應： (1) 直接放入烤箱 (2) 更換銀盤入烤箱 (3) 直接放上瓦斯爐 (4) 更換不鏽鋼盤入烤箱。

13. （1） 煙燻的魚類開胃菜通常附帶下列何種食物？ (1) 檸檬、全麥麵包 (2) 水果、白麵包 (3) 義大利麵、全麥麵包 (4) 果醬、全麥麵包。

14. （4） 通常龍蝦濃湯加入少許何種酒可增加美味？ (1) 米酒 (2) 蘭姆酒 (3) 紹興酒 (4) 白蘭地。

15. （1） 傳統烤羊排通常附帶何種醬汁 (Sauce)？ (1) 薄荷醬 (2) 紅酒醬 (3) 白酒醬 (4) 磨菇醬。

16. （4） 羊排食用可加入何種調味醬？ (1) 奶油 (2) 醬油 (3) 花生醬 (4) 薄荷醬。

17. （3） 乳酪 (Cheese) 通常可和哪些食物搭配 (1) 肉類 (2) 魚類 (3) 麵包類 (4) 蛋類。

18. （3） 乳酪 (Cheese) 通常附帶 (1) 西瓜 (2) 柳丁 (3) 葡萄 (4) 木瓜。

19. （2） 主菜配盤除蔬菜外通常均附有 (1) 水果 (2) 澱粉類食品 (3) 番茄 (4) 蛋類。

20. （1） 法式烤鴨通常附帶何種醬汁(Sauce)？ (1) 柳橙醬 (2) 草莓醬 (3) 鳳梨醬 (4) 木瓜醬。

21. （2） 在套餐菜單 (Set menu) 設計當中，同樣的肉類、魚類或蔬菜材料的使用上應： (1) 可以重覆使用 (2) 不可以重覆使用 (3) 肉類可以重覆使用 (4) 魚類可以重覆使用。

22. （1） 法式菜單中雪碧冰 (Sherbet) 的吃法是下列何者？ (1) 介於享用主菜之前 (2) 介於主菜與甜點之間 (3) 介於甜點與咖啡之間 (4) 介於湯與沙拉之間。

23. （2） 餐盤、杯類邊緣破損，應如何處理？ (1) 可以直接使用 (2) 不可以使用 (3) 可做其他用途 (4) 送給別人。

24. （2） 對於客人使用過的餐盤應如何處理？ (1) 仍可繼續使用 (2) 即時清洗 (3) 隔夜再清洗 (4) 丟棄不用。

25. （1） 裝沙拉的盤子應如何處理？ (1) 放於冷藏櫃中 (2) 放於室溫中 (3) 放於保溫箱中 (4) 放於冰塊中。

26. (1) 盛裝冰淇淋的杯類應如何處理？ (1) 放於冷藏櫃中 (2) 放於室溫中 (3) 放於保溫箱中 (4) 放於冰塊中。

27. (3) 下列哪道菜不可盛裝於銀器？ (1) 胡蘿蔔濃湯 (Crecy) (2) 烤牛排 (Roasted beef) (3) 水波蛋 (Poached egg) (4) 炒青菜 (Sauted vegetables)。

28. (4) 選擇西餐用器皿，以下列何種材質為佳？ (1) 陶器 (2) 塑膠 (3) 玻璃 (4) 瓷器。

29. (3) 器皿背面之英文"Bone china"是何種意思？ (1) 中國製造 (2) 等級別 (3) 骨瓷 (4) 陶器。

工作項目 06 設備與器具

1. (3) 廚房之理想室溫應在攝氏幾度？ (1)10~15 度 (2)15~20 度 (3)20~25 度 (4)25~30 度。

2. (3) 廚房之最佳濕度比應是多少？ (1)45% (2)55% (3)65% (4)75%。

3. (2) 絞肉機的清潔維護時段，以下列何時較為適宜？ (1) 上班時間清洗 (2) 使用後立即清洗 (3) 早晚各清洗一次 (4) 下班後清洗。

4. (2) 下列何種材質的鍋具抗酸性差，不適宜烹調酸性食物？ (1) 不鏽鋼 (2) 鋁 (3) 陶瓷 (4) 玻璃。

5. (4) 下列何者是西餐燒烤烹調的輔助工具 (Hand tool)？ (1) 煎炒鍋 (Sauteuse) (2) 磅秤 (Scale) (3) 廚刀 (Chef's knife) (4) 廚叉 (Chef's fork)。

6. (3) 下列何者不是抽油煙機所抽取的對象？ (1) 油水氣 (2) 熱氣 (3) 噪音 (4) 煙霧。

7. (1) 購買或使用廚房之器具，其設計上不應有何種現象？ (1) 四面採直角設計 (2) 彎曲處呈圓弧形 (3) 與食物接觸面平滑 (4) 完整而無裂縫。

8. (1) 下列哪一項是西式炒鍋特徵？ (1) 平底式 (2) 圓弧式 (3) 微尖底式 (4) 凸凹式。

9. (2) 廚房生產設備器具，其主要電壓為幾伏特？ (1)110V，210V (2)110V，220V (3)120V，230V (4)130V，240V。

10. (3) 餐具櫥宜採用何種材質？ (1) 紙板 (2) 木製 (3) 不鏽鋼 (4) 磁磚。

11. (3) 大型自助餐熱食盛裝於何種器皿？ (1) 大瓷盤 (2) 大銀盤 (3) 保溫鍋 (4) 平底鍋。

12. (3) 芥末醬、檸檬汁不宜盛裝於何種器皿？ (1) 玻璃器 (2) 瓷器 (3) 銀器 (4) 不鏽鋼器。

13. (1) 炒蛋食物不宜放入何種材質的器皿？ (1) 銀器 (2) 瓷器 (3) 玻璃器 (4) 不鏽鋼器。

14. (4) 炒蛋時使用何種器具烹調 (1) 平底鍋 (Fry pan) (2) 湯鍋 (Pot) (3) 沙司鍋 (Sauce pan) (4) 煎炒鍋 (Sauteuse)。

15. (3) 烹調湯餚時使用何種器具？ (1) 平底鍋 (2) 電鍋 (3) 大湯鍋 (4) 小鋁鍋。

16. (1) 鋸肉機最適用於切何種肉類？ (1) 完全冷凍的牛肉 (2) 完全解凍的牛肉 (3) 煮熟過的牛肉 (4) 完全解凍的大條魚。

17. (1) 操作廚房器具時必須 (1) 使用說明圖表或手冊 (2) 聽老闆意見使用 (3) 自己隨意操作 (4) 由新進同仁教授。

18. (2) 廚房烤箱使用後之清洗宜為何時？ (1) 用完立即清洗 (2) 用完冷卻至微溫時清洗 (3) 完全冷卻後清洗 (4) 隔天再洗。

19. (1) 肉類攪拌機放入填充料時應用何種方式？ (1) 用木質攪拌器 (2) 用玻璃攪拌器 (3) 用手填入 (4) 用肉類填入。

20. (1) 廚房面積應占餐廳總面積之多少比例較為理想？ (1)1:3 (2)1:6 (3)1:7 (4)1:8。

21. (3) 迴風烤爐 (Convection oven) 和傳統烤爐的比較，下列何者不正確？ (1) 前者溫度較均勻 (2) 前者較省時 (3) 前者較耗費能源 (4) 前者成品色澤較均勻。

22. (1) 廚房之排水溝流向為 (1) 清潔→汙染 (2) 汙染→清潔 (3) 準清潔→汙染 (4) 依地形設計。

23. (3) 下列何者較不適合用切片機？ (1) 乳酪 (Cheese) (2) 蔬菜 (3) 軟質食物 (4) 冷凍肉類。

24. (4) 廚房若以人工清洗餐具，下列何者才符合衛生要求？ (1) 雙槽溫水清洗再擦乾 (2) 雙槽溫水清洗再晾乾 (3) 三槽溫水清洗再擦乾 (4) 三槽溫水清洗再晾乾。

25. (2) 切片機的刀片一般是用何種材質製成？ (1) 鐵 (2) 碳鋼 (3) 鋁 (4) 銅。

26. (4) 有關切片機的敘述，下列何者是錯誤？ (1) 成品規格較一致 (2) 縮短切割時間 (3) 節省人力 (4) 增加切割損失。

27. (3) 當切片機不再使用時，應如何處理刀面厚薄控制柄？ (1) 調高 (2) 調低 (3) 歸零 (4) 調至常用厚度。

工作項目 07 ▶ 營養知識

1. (2) 構成人體細胞的重要營養素為 (1) 醣類 (2) 蛋白質 (3) 脂肪 (4) 維生素。

2. (2) 奶、蛋、豆、魚及肉類主要供應何種營養素？ (1) 醣類 (2) 蛋白質 (3) 脂肪 (4) 維生素。

3. (4) 下列何種營養素不屬於熱量營養素？ (1) 醣類 (2) 蛋白質 (3) 脂肪 (4) 維生素。

4. (1) 存在人體血液中最多的醣類為： (1) 葡萄糖 (2) 果糖 (3) 乳糖 (4) 麥芽糖。

5. (4) 下列何種肉類最容易消化吸收？ (1) 雞肉 (2) 豬肉 (3) 牛肉 (4) 魚肉。

6. (1) 蛋類所含的蛋白質是屬於下列何者？ (1) 完全蛋白質 (2) 部分完全蛋白質 (3) 部分不完全蛋白質 (4) 不完全蛋白質。

7. (3) 下列何種食物的蛋白質品質最好？ (1) 玉米 (2) 果凍 (3) 牛奶 (4) 扁豆。

8. (2) 下列等重的食物何者含膽固醇最多？ (1) 蛋 (2) 腦 (3) 肝 (4) 腎。

9. (2) 牛奶中含量較少的礦物質是 (1) 鈣 (2) 鐵 (3) 磷 (4) 鉀。

10. (3) 下列哪種豆所含的蛋白質品質最佳？ (1) 紅豆 (2) 扁豆 (3) 黃豆 (4) 豌豆。

11. (1) 牛奶是下列何種礦物質的優良來源？ (1) 鈣 (2) 磷 (3) 鐵 (4) 鋅。

12. (3) 海產食物富含何種礦物質？ (1) 磷 (2) 硫 (3) 碘 (4) 硒。

13. (2) 下列何種食物中所含的鐵可利用率最高？ (1) 菠菜 (2) 牛排 (3) 麵包 (4) 強化穀類。

14. (4) 膽固醇是何種維生素的先質？ (1)A (2)B (3)C (4)D。

15. (3) 下列何種維生素較耐熱？ (1) 葉酸 (2)B (3)B (4)C。

16. (1) 麵粉的筋度不同，是因為何種營養素的含量不同？ (1) 蛋白質 (2) 醣類 (3) 脂肪 (4) 礦物質。

17. (4) 烹調常用油中何者含較多飽和脂肪酸？ (1) 葵花籽油 (2) 紅花籽油 (3) 黃豆油 (4) 棕櫚油。

18. (4) 下列何類食物的鈣質含量最多？ (1) 水果 (2) 蔬菜 (3) 海鮮 (4) 牛奶。

19. (3) 下列哪種加工方式對蛋白質的影響最大？ (1) 熱處理 (2) 酸處理 (3) 鹼處理 (4) 冷凍處理。

20. (1)　何種維生素在瘦肉中含量最豐富？　(1)B　(2)C　(3)A　(4)E。

21. (1)　麵食類食物所提供的最主要營養素為何？　(1) 澱粉　(2) 脂肪　(3) 蛋白質　(4) 維生素。

22. (3)　馬鈴薯中最主要的營養素為何？　(1) 蛋白質　(2) 脂肪　(3) 澱粉　(4) 維生素。

23. (1)　下列何種麵粉的蛋白質含量最高？　(1) 高筋麵粉　(2) 中筋麵粉　(3) 低筋麵粉　(4) 澄粉。

24. (2)　杏仁、核桃仁中以何種成分含量最高？　(1) 醣類　(2) 脂肪　(3) 蛋白質　(4) 水。

25. (1)　下列何種油脂膽固醇含量最高？　(1) 奶油 (Butter)　(2) 黃豆油　(3) 橄欖油　(4) 葡萄籽油。

26. (2)　下列何種脂肪的單元不飽和脂肪酸含量最高？　(1) 奶油 (Butter)　(2) 橄欖油　(3) 黃豆油　(4) 葡萄籽油。

27. (4)　用下列何種烹調法製作之雞肉的脂肪含量最低？　(1) 裹粉油炸　(2) 加酒煮　(3) 加乳酪 (Cheese) 烤　(4) 醃後碳烤。

28. (4)　蛋黃醬 (Mayonnaise) 中脂肪含量大約多少？　(1)30%　(2)45%　(3)65%　(4)80%。

29. (3)　法式沙拉醬 (French dressing) 中脂肪含量大約多少？　(1)30%　(2)45%　(3)65%　(4)80%。

30. (4)　下列哪一種乳製品的脂肪含量最高？　(1) 全脂乳 (Whole milk)　(2) 鮮奶油 (Cream)　(3) 酸酪乳 (Yoghurt)　(4) 奶油 (Butter)。

31. (1)　下列何種調理方式對於蔬菜的營養保存性最高？　(1) 生食　(2) 烤　(3) 炸　(4) 煮。

32. (1)　下列何者是綠色蔬菜中最主要的一種維生素？　(1) 維生素 A　(2) 維生素 B　(3) 維生素 D　(4) 維生素 E。

33. (2)　等重的下列蔬菜，何者能提供的維生素 A 最多？　(1) 高麗菜　(2) 青花菜　(3) 黃瓜　(4) 洋蔥。

34. (1)　下列哪一種蔬菜的胡蘿蔔素含量最高？　(1) 菠菜　(2) 蘆筍　(3) 芹菜　(4) 紅高麗菜。

35. (3)　下列水果等重的可食部分，何者的維生素 C 含量最高？　(1) 西瓜　(2) 木瓜　(3) 柳橙　(4) 鳳梨。

36. (2)　下列哪一種水果的胡蘿蔔素含量最高？　(1) 西瓜　(2) 木瓜　(3) 鳳梨　(4) 柳橙。

37. (2)　下列哪一種甜點的熱量含量最高？　(1) 果凍　(2) 冰淇淋　(3) 雪碧冰 (Shorbet)　(4) 布丁。

38. (2)　下列何種維生素不在雞蛋營養含量內？　(1)A　(2)C　(3)E　(4)K。

工作項目 08　成本控制

1. (3)　有一箱鱈魚售價 1000 元，內有四十塊，每塊重量均等，請問每塊鱈魚成本多少？　(1)15 元　(2)20 元　(3)25 元　(4)30 元。

2. (2)　一箱進口牛肉售價 2000 元，可用的部分有 10 磅，假如每份牛排的供應量是八兩，請問每份牛排成本多少？　(1)125 元　(2)132 元　(3)139 元　(4)146 元。

3. (4)　有一份做乳酪蛋糕 (Cheese cake) 的標準食譜，所需材料總花費為 800 元，可提供 40 人份，假使設定成本佔 25%，請問每份蛋糕的理想售價應多少？　(1)20 元　(2)40 元　(3)60 元　(4)80 元。

4. (1)　一家牛排館為做好食物成本控制，應採用下列何種方法來經營？　(1) 採用標準食譜　(2) 以量制價　(3) 以價制量　(4) 隨師傅興致配菜。

5. (2) 下列何者是西餐業者最大的兩項成本？ (1) 食物、飲料 (2) 食物、人事 (3) 飲料、人事 (4) 水電、房租。

6. (4) 下列哪一項不是使用標準食譜的優點？ (1) 確保品質口味一致 (2) 確保成本一致 (3) 確保外觀色澤一致 (4) 提升營養價值。

7. (3) 依據標準食譜製作菜餚是誰的責任？ (1) 食品供應商 (2) 老闆 (3) 廚師 (4) 顧客。

8. (2) 誰最應了解標準食譜之使用目的與成本控制的關係？ (1) 經理 (2) 主廚 (3) 顧客 (4) 老闆。

9. (2) 1 公斤約等於 (1)1.1 磅 (2)2.2 磅 (3)2.5 磅 (4)3.3 磅。

10. (3) 1 杯 (C) 等於： (1)14 大匙 (2)15 大匙 (3)16 大匙 (4)17 大匙。

11. (4) 若食物的直接成本佔售價的 40%，則一道 90 元材料費的雞肉，其售價至少為多少？ (1)36 元 (2)72 元 (3)185 元 (4)225 元。

12. (1) 1 磅等於多少盎司？ (1)16 盎司 (2)18 盎司 (3)20 盎司 (4)22 盎司。

13. (2) 1 磅的腓力牛排賣價 800 元，3 公斤重的應賣多少？ (1)2640 元 (2)5286 元 (3)6000 元 (4)7920 元。

14. (1) 鱈魚每百公克 15 元，已知每份成品 60 公克，烹調收縮率 70%，則 4 人份成本多少元？ (1)51 元 (2)60 元 (3)105 元 (4)110 元。

15. (2) 一大匙 (T) 等於： (1)5 小匙 (t) (2)15 公克水重 (3)19 公克水重 (4)6 小匙 (t)。

16. (3) 5 大匙加 1 小匙等於： (1)1/4 量杯 (Cup) (2)1/2 量杯 (3)1/3 量杯 (4)2/3 量杯。

17. (4) 下列何者不是西方廚房的衡量器具？ (1) 量杯 (2) 量匙 (3) 磅秤 (4) 皮尺。

18. (4) 兩加侖 (Gallon) 等於： (1)20 杯 (2)24 杯 (3)28 杯 (4)32 杯。

19. (4) 一公斤是： (1)300 公克 (2)600 公克 (3)500 公克 (4)1000 公克。

20. (4) 政府提倡交易時使用何種單位計算？ (1) 台制 (2) 英制 (3) 美制 (4) 公制。

21. (1) 同以 1 公斤的價格來比較，下列何種食物最便宜？ (1) 雞蛋 (2) 乳酪 (Cheese) (3) 豬肉 (4) 牛肉。

22. (3) 廚師的何種表現與食物成本無關？ (1) 工作計畫 (2) 烹調技術 (3) 人際關係 (4) 智慧反應。

23. (2) 一磅牛肉等於多少公克重？ (1)360 公克 (2)454 公克 (3)520 公克 (4)600 公克。

24. (3) 5 盎司 (OZ.) 牛肉等於多少公克重？ (1)100 公克 (2)120 公克 (3)140 公克 (4)160 公克。

25. (4) 一磅豬肉賣 200 元，一公斤豬肉約賣多少錢？ (1)290 元 (2)340 元 (3)390 元 (4)440 元。

26. (3) 甘藍菜之可用率若是 8 成，食譜需用量是 6 公斤，則應購買多少公斤才夠用？ (1)4.8 (2)6 (3)7.5 (4)9 公斤。

工作項目 09 ▶ 安全措施

---

1. (1) 火災發生時你在火場，大約有多少時間可逃生？ (1)2.5 分鐘 (2)5 分鐘 (3)10 分鐘 (4)15 分鐘。

2. (3) 電氣 (C 類) 火災發生時，首先應如何處置？ (1) 澆水滅火 (2) 大聲呼救 (3) 關閉電源 (4) 趕快逃生。

3. (4) 油脂（B 類）火災發生時，首先應如何處置？ (1) 澆水滅火 (2) 大聲呼救 (3) 關閉電源 (4) 撲滅火源。

4. (3) 火災現場濃煙密布一片漆黑應如何逃生？ (1) 尋找滅火器 (2) 跑步快速逃離現場 (3) 採低姿快速爬行離開 (4) 速找防煙面罩。

5. (2) 火災現場，離地面距離越高的溫度如何？ (1) 愈低 (2) 愈高 (3) 沒有變化 (4) 還可忍受。

6. (3) 火災現場濃煙密布含有什麼可使人致命的氣體？ (1) 二氧化碳 (2) 二硫化碳 (3) 一氧化碳 (4) 氫氧化碳。

7. (4) 預防火災是誰的責任？ (1) 消防隊 (2) 保全人員 (3) 消防管理員 (4) 每位員工。

8. (3) 廚房的滅火設備若有缺失、不足或維護不良致發生火災，最大受害者是 (1) 設計師與建築師 (2) 老闆與股東 (3) 顧客與員工 (4) 保全員與管理員。

9. (3) 廚房剛發生火災時，應有何行動才正確？ (1) 通報主管 (2) 通知消防隊 (3) 先關閉瓦斯、電源再奮勇撲滅 (4) 為安全起見迅速逃離現場。

10. (4) 發生災害罹難人數在三人以上者，應如何處理？ (1) 由員工處理 (2) 雇主自行處理 (3) 不必搶救 (4) 必須由司法或檢查機構處理。

11. (2) 員工上班時間內發生重大意外傷害時，應如何處理？ (1) 自行就醫 (2) 立即送醫並填寫意外傷害報告書 (3) 不用理會 (4) 由主管決定。

12. (1) 當客人發生食品中毒時，應如何處理？ (1) 立即送醫並收集檢體化驗，報告當地衛生機關 (2) 由員工急救 (3) 讓客人自己處理 (4) 順其自然。

13. (4) 餐廳整體的安全維護是誰的責任？ (1) 警衛 (2) 老闆 (3) 經理 (4) 全體員工。

14. (3) 發現員工暈倒在地上，應如何處理？ (1) 不要理他 (2) 自己加以急救 (3) 派人通知醫護人員，自己加以急救措施 (4) 直接等待醫護人員救援。

15. (1) 員工工作受傷時，應於迅速就醫後 (1) 填寫傷害報告書 (2) 告知經理人員 (3) 在家休息 (4) 繼續上班。

16. (1) 大量出血如泉湧且帶鮮紅色，此乃何部位出血？ (1) 大動脈 (2) 靜脈 (3) 微血管 (4) 皮膚。

17. (2) 烹飪中，廚師是否可以離開崗位？ (1) 可以 (2) 不可以 (3) 視狀況 (4) 經主管核可即可。

工作項目 10 衛生知識

1. (3) 廚師的衛生習慣最重要，進入廚房第一件事是洗滌何物？ (1) 食物材料 (2) 廚具碗盤 (3) 雙手 (4) 抹布。

2. (1) 調理熟食之廚師，其手部每隔多久就應清洗一次？ (1) 經常清洗 (2)10 分鐘 (3)20 分鐘 (4)30 分鐘。

3. (1) 身體的哪一部分是廚師傳播有害微生物的主要媒介源？ (1) 手 (2) 胸 (3) 臉 (4) 頭。

4. (2) 下列哪項設施不適設於廚房洗手槽？ (1) 指甲剪 (2) 香水劑 (3) 消毒劑 (4) 洗潔劑。

5. (3) 廚房工作不可配戴飾物是何原因？可以 (1) 增進工作效率 (2) 減少工作摩擦 (3) 減少隱藏細菌 (4) 減少身體負荷。

6. (4) 餐飲從業人員應多久作一次肺結核病檢查？ (1)4 年 (2)3 年 (3)2 年 (4)1 年。

7. (3) 洗手槽附設肥皂和刷子的主要目的為何？ (1) 好看 (2) 配合衛生機關規定 (3) 徹底去除污物和看不見的細菌 (4) 為求方便問題。

8. (1) 餐飲從業人員的定期健康檢查，每年至少幾次？ (1)一次 (2)二次 (3)三次 (4)四次。

9. (4) 下列何者不是沙門氏菌的傳染途徑 (媒介物)？ (1)飲水 (2)食物 (3)動物 (4)空氣。

10. (3) 餐具器皿消毒可浸泡於攝氏幾度以上之熱水 2 分鐘？ (1)60 度 (2)70 度 (3)80 度 (4)90 度。

11. (3) 餐具器皿消毒應浸泡於多少餘氯含量之冷水中 2 分鐘以上？ (1)100ppm (2)150ppm (3)200ppm (4)250ppm。

12. (1) 飲用水水質標準之有效餘氯量必須在多少 ppm 之間？ (1)0.2~1.0ppm (2)1.6~2.4ppm (3)3.0~3.8ppm (4)3.9ppm 以上。

13. (2) 煮沸殺菌法對毛巾、抹布之有效殺菌係指下列何者？ (1) 攝氏 90 度煮 5 分鐘以上 (2) 攝氏 100 度煮 5 分鐘以上 (3) 攝氏 90 度煮 1 分鐘以上 (4) 攝氏 100 度煮 1 分鐘以上。

14. (3) 煮沸殺菌法對餐具之有效殺菌係指 (1) 攝氏 100 度煮 5 分鐘以上 (2) 攝氏 90 度煮 5 分鐘以上 (3) 攝氏 100 度煮 1 分鐘以上 (4) 攝氏 90 度煮 1 分鐘以上。

15. (4) 蒸汽殺菌法對毛巾、抹布之有效殺菌係指 (1) 攝氏 90 度蒸汽加熱 2 分鐘以上 (2) 攝氏 100 度蒸汽加熱 2 分鐘以上 (3) 攝氏 90 度蒸汽加熱 10 分鐘以上 (4) 攝氏 100 度蒸汽加熱 10 分鐘以上。

16. (4) 蒸汽殺菌法對餐具之有效殺菌係指 (1) 攝氏 90 度以上蒸汽加熱 10 分鐘以上 (2) 攝氏 100 度蒸汽加熱 10 分鐘以上 (3) 攝氏 90 度蒸汽加熱 2 分鐘以上 (4) 攝氏 100 度蒸汽加熱 2 分鐘以上。

17. (3) 熱水殺菌法對餐具之有效殺菌係指 (1) 攝氏 60 度以上熱水加熱 4 分鐘以上 (2) 攝氏 70 度以上熱水加熱 3 分鐘以上 (3) 攝氏 80 度以上熱水加熱 2 分鐘以上 (4) 攝氏 90 度以上熱水加熱 1 分鐘以上。

18. (2) 乾熱殺菌法對餐具之有效殺菌係指 (1) 攝氏 80 度以上乾熱加熱 40 分鐘以上 (2) 攝氏 110 度以上乾熱加熱 30 分鐘以上 (3) 攝氏 90 度以上乾熱加熱 20 分鐘以上 (4) 攝氏 95 度以上乾熱加熱 10 分鐘以上。

19. (1) 砧板每天使用後應如何處理？ (1) 當天用清水洗淨消毒 (2) 當天用抹布擦拭乾淨 (3) 隔天用清水洗淨消毒 (4) 隔三天後再一併清洗消毒以節省勞力。

20. (1) 餐廳餐具器皿的消毒殺菌應採用幾槽式之水槽？ (1)3 槽 (2)2 槽 (3) 單槽 (4) 視情況而定。

21. (3) 下列哪些人員是施行衛生教育的對象？ (1) 廚房雜工 (2) 廚師 (3) 所有員工及老板 (4) 經理及老板。

22. (4) 砧板應如何處理才符合衛生？ (1) 生熟食共用 (2) 隨時用抹布擦拭 (3) 選擇大一點的 (4) 分類並標示用途。

23. (4) 廚師手上有化膿傷口，若處理食物可能導致何種食物中毒？ (1) 沙門氏菌 (2) 腸炎弧菌 (3) 大腸桿菌 (4) 金黃色葡萄球菌。

24. (1) 處理過雞內臟的砧板若未徹底清理就用來處理其他食物，可能導致何種食物中毒？ (1) 沙門氏菌 (2) 腸炎弧菌 (3) 仙人掌桿菌 (4) 金黃色葡萄球菌。

25. (2) 牡蠣 (Oyster) 等海產若烹調溫度不足，一般可能導致何種食物中毒？ (1) 沙門氏菌 (2) 腸炎弧菌 (3) 大腸桿菌 (4) 仙人掌桿菌。

26. (2) 下列何者為預防腸炎弧菌食品中毒的重要方法？ (1) 生鮮海鮮類以鹽水浸泡以抑制微生物生長 (2) 生食與熟食使用之刀具、砧板及容器等應分開不得混合使用 (3) 採購新鮮的食材以避免腸炎弧菌汙染 (4) 生鮮與煮熟的海產食物可放在冷藏庫中一起冷藏。

27. (2) 香腸及火腿等肉製品添加亞硝酸鹽之目的是什麼？ (1) 供香料使用 (2) 抑制肉毒桿菌生長 (3) 防止肉品氧化 (4) 亞硝酸鹽會產生致癌物故不得添加。

28. (2)　在細菌生活史中，哪一期生長速率最快？　(1) 停滯期　(2) 對數期　(3) 穩定期　(4) 下降期。

29. (2)　食用發芽的馬鈴薯所引起的中毒，是屬於何種食物中毒？　(1) 細菌性　(2) 天然毒素　(3) 化學性　(4) 過敏性。

30. (3)　下列何者不屬於微生物性食物中毒？　(1) 沙門氏菌　(2) 金黃色葡萄球菌之毒素　(3) 多氯聯苯　(4) 出血性大腸桿菌。

31. (4)　在細菌生活史中，哪一期生長速率最慢？　(1) 停滯期　(2) 對數期　(3) 穩定期　(4) 下降期。

32. (4)　預防金黃色葡萄球菌食品中毒，下列何者是錯誤的？　(1) 身體有傷口、膿瘡時不得從事食品之製造調理工作　(2) 調理食品時應戴衛生手套、帽子及口罩　(3) 注意手部之清潔與消毒避免汙染　(4) 添加防腐劑。

33. (3)　冷藏食品中心溫度應保持在攝氏幾度以下？　(1)15　(2)10　(3)7　(4)0 度。

34. (3)　餐飲業所發生的食物中毒事件，以何種原因居多？　(1) 類過敏食物中毒　(2) 化學物質中毒　(3) 細菌性中毒　(4) 天然毒素中毒。

35. (4)　為不讓細菌生存於使用過之砧板，應如何處理？　(1) 用冷水清洗　(2) 用溫水清洗　(3) 用流動水清洗　(4) 用沸水浸泡清洗。

36. (3)　下列何項是預防葡萄球菌所引起的食物中毒最有效的方法？　(1) 加強冰箱的冷度　(2) 生食與熟食應分開貯存　(3) 改善個人衛生習慣　(4) 避免二次汙染。

37. (4)　下列何者不是食品衛生安全的要訣？　(1) 避免食物被汙染　(2) 抑止細菌繁殖　(3) 消滅細菌　(4) 噴灑除臭劑。

38. (1)　下列何者不是食品衛生安全的具體方法？　(1) 個人衣著寬鬆整潔　(2) 環境器具及食材保持清潔　(3) 食物處理迅速　(4) 烹調溫度控制適宜。

39. (4)　合成塑膠製的砧板之優點為何？　(1) 節省成本　(2) 操作方便　(3) 硬度較佳　(4) 易清洗及消毒。

40. (2)　下列何者為廚房水溝的主要設計？　(1) 明溝　(2) 暗溝　(3) 淺溝　(4) 深溝。

41. (4)　烹調時通常以小容器來加熱食物的目的為何？　(1) 好拿　(2) 增加工作效率　(3) 增加食物美味　(4) 減少食物腐敗。

42. (4)　西餐廚師穿著工作衣帽的主要目的是？　(1) 漂亮大方　(2) 減少生產成本　(3) 代表公司形象　(4) 防止頭髮掉落食物中。

43. (1)　食品製造業者製程及品管應注意什麼？　(1) 使用之原料應符合衛生規定　(2) 進貨時只需清點數量　(3) 原料之使用應依先進後出之原則　(4) 食品在製造調理過程中為了方便起見可以直接放置在地面上。

44. (4)　三槽式餐具洗滌槽，第二槽的功用為何？　(1) 略洗槽　(2) 清洗槽　(3) 消毒槽　(4) 沖洗槽。

45. (4)　三槽式餐具洗滌槽使用時，第二槽的水應保持何種狀態？　(1) 靜止狀低水位　(2) 靜止狀滿水位　(3) 流動狀低水位　(4) 流動狀滿水位。

46. (1)　三槽式餐具洗滌槽，第二槽的水保持流動狀的目的為何？　(1) 使洗潔劑流出　(2) 好洗　(3) 洗滌者舒服　(4) 餐具不易打破。

47. (3)　以三槽式餐具洗滌槽洗滌時，下列何物應加入第一槽？　(1) 消毒劑　(2) 殺菌劑　(3) 洗潔劑　(4) 防腐劑。

48. (4)　三槽式餐具洗滌槽，第一槽的清洗工具除毛刷外還可用下列何物？　(1) 木頭　(2) 石頭　(3) 鋼刷　(4) 海綿。

49. (3) 三槽式餐具洗滌槽，下列何種攝氏水溫應使用於第一槽？ (1)27~33 度 (2)35~41 度 (3)43~49 度 (4)51~57 度。

50. (2) 三槽式餐具洗滌槽，第一槽的功用為何？ (1) 略洗槽 (2) 洗滌槽 (3) 消毒槽 (4) 沖洗槽。

51. (3) 三槽式餐具洗滌槽，第三槽的功用為何？ (1) 略洗槽 (2) 清洗槽 (3) 消毒槽 (4) 沖洗槽。

52. (1) 三槽式餐具洗滌槽，第三槽（消毒槽）之水溫為攝式幾度？ (1)80 度 (2)75 度 (3)70 度 (4)65 度。

53. (4) 三槽式餐具洗滌槽，第三槽若加氯消毒則其餘氯量應是多少？ (1)50ppm (2)100ppm (3)150ppm (4)200ppm。

54. (4) 蔬果、水產、畜產原料或製品應分開貯存的主要目的為何？ (1) 優雅又美觀 (2) 進出貨方便 (3) 節省空間 (4) 避免交叉汙染。

55. (2) 下列哪一個步驟不是一般水的處理程序？ (1) 曝氣或加氯 (2) 冷卻 (3) 沉澱過濾 (4) 消毒。

56. (1) 廚房的油煙是屬於何種廢棄物？ (1) 氣相廢棄物 (2) 液相廢棄物 (3) 固相廢棄物 (4) 綜合廢棄物。

57. (1) 何種方式是施行衛生管理最好的方法？ (1) 建立自行檢查制度 (2) 有專人指導 (3) 強硬施行 (4) 發揮團隊精神。

58. (3) 餐具表面殘留澱粉若滴上碘液檢查會有何種顏色出現？ (1) 紅色 (2) 綠色 (3) 藍色 (4) 黃色。

59. (1) 餐廳廚房應如何設計？ (1) 良好的通風與採光 (2) 通風即可 (3) 採光即可 (4) 視狀況而定。

60. (2) 下列何者可作為衛生指標菌？ (1) 肉毒桿菌 (2) 大腸桿菌 (3) 出血性大腸桿菌 (4) 仙人掌桿菌。

61. (2) 廚房工作檯面的光度應在幾米燭光？ (1)100 米燭光 (2)200 米燭光以上 (3)300 米燭光以上 (4) 沒有規定。

62. (3) 下列何者為餐飲業防止微生物汙染的最有效方法之一？ (1) 曝光 (2) 風乾 (3) 洗淨 (4) 冷藏。

63. (3) 下列何者不是餐飲業洗淨食品原料的目的？ (1) 清除汙物 (2) 減少農藥殘留 (3) 增加營養 (4) 除去寄生蟲卵。

64. (3) 下列何者為餐飲業維護食品製造調理等衛生的有效方法之一？ (1) 曝光 (2) 風乾 (3) 洗淨 (4) 冷藏。

65. (2) 下列何者為餐飲業衛生管理及控制微生物有效方法之一？ (1) 曝光與冷藏 (2) 消毒與殺菌 (3) 風乾與冷凍 (4) 洗淨與風乾。

66. (3) 迴游性魚類除外之所有水產動物食品，其可食部分之甲基汞含量應在多少 ppm 以下才符合衛生標準？ (1)0.9 (2)0.7 (3)0.5 (4)0.3 ppm。

67. (4) 餐飲業在洗滌器具及容器後，除以熱水或蒸氣外還可以下列何物消毒？ (1) 無此消毒物 (2) 亞硝酸鹽 (3) 亞硫酸鹽 (4) 次氯酸鈉溶液。

68. (3) 下列何者是馬鈴薯電子輻射照射處理的目的？ (1) 防治蟲害 (2) 殺菌 (3) 抑制發芽 (4) 延長儲存期限。

69. (1) 下列何者是清洗蔬菜殘留農藥的最適當方法？ (1) 以清水沖洗 (2) 泡鹽水 (3) 烹調加熱可破壞農藥故不必強調清洗 (4) 以洗潔劑清洗。

70. (2) 下列何者生菌數較高？ (1) 塊肉 (2) 碎肉 (3) 片肉 (4) 條肉。

71. (4) 食物製備使用的砧板宜有幾種？ (1) 一 (2) 二 (3) 三 (4) 四。

72. (1) 清洗砧板的用水應以攝氏幾度的熱水浸泡 10 分鐘方可達到消毒的目的？ (1)85 (2)75 (3)65 (4)55。

73. (2) 下列何者是人工清洗餐具的步驟？ (1) 洗滌→沖洗→消毒→拭擦 (2) 刮除→洗滌→沖洗→消毒 (3) 消毒→洗滌→沖洗→拭擦 (4) 沖洗→洗滌→拭擦→消毒。

74. (3) 下列何者對油脂儲存後的品質有較小的影響？ (1) 光線 (2) 濕度 (3) 通風 (4) 高溫。

75. (1) 油脂製品中添加抗氧化劑之目的為何？ (1) 防止產生過氧化物 (2) 調味 (3) 永久保存 (4) 增加不足的營養素。

76. (1) 下列何者是使用食品添加物的正確觀念？ (1) 以最少之必要量為原則 (2) 以食品添加物使用範圍及限量標準規定之最高限量為添加量，以達到最好的效果 (3) 食品添加物是化學物，在任何情形下絕不使用含有食品添加物的食品 (4) 用以掩飾食品之不良。

77. (3) 下列何者為真？ (1) 冷凍食品檢出防腐劑係違反食品安全衛生相關管理法規 (2) 為確保冷凍食品可長期保存，可依該冷凍食品之本質添加防腐劑 (3) 以冷凍方式貯存食品可抑制微生物生長並延長保存期限不必再添加防腐劑 (4) 冷凍食品的原料新鮮度不夠故需添加防腐劑延長其保存期限。

78. (3) 國際間食品衛生管理之潮流，下列何者是錯誤的？ (1) 自主管理 (2) 源頭管理 (3) 上市前全面檢驗 (4) 預防性管制措施。

79. (1) 食品安全管制系統（HACCP）是強調以何者為主之管理？ (1) 製程管理 (2) 產品檢驗 (3) 增加產量 (4) 確保製程中軟硬體的衛生。

80. (1) 有關香豆素下列敘述何者正確？ (1) 不得添加於任何食品中 (2) 是一種天然香料可添加於食品中 (3) 可因使用天然香料而殘留在食品中故並無限量規定 (4) 是一種天然香料可添加於飲料中。

81. (2) 有關於狂牛症的病原，下列何者是錯誤的？ (1) 是一種變異性蛋白稱為變異性普里昂蛋白 (prion) (2) 存在於牛的全身 (3) 只要除去牛隻身上的特定風險物質就可以確保牛肉的安全性 (4) 牛隻大多是因為吃進肉骨粉飼料而感染。

82. (4) 有關真空包裝黃豆即食食品，下列何者是錯誤的？ (1) 可能形成適合肉毒桿菌生長的環境而造成食品中毒 (2) 是罐頭的一種，應實施商業滅菌才能在室溫下保存 (3) 未實施商業滅菌的真空包裝黃豆即食食品應以冷藏保存 (4) 真空包裝可抑制所有微生物生長。

83. (4) 切蘋果時應使用何種顏色的砧板？ (1) 紅色 (2) 白色 (3) 藍色 (4) 綠色。

84. (3) 處理魚類時應使用何種顏色的砧板？ (1) 紅色 (2) 白色 (3) 藍色 (4) 綠色。

工作項目 11 ▶ 衛生法規

1. (1) 食品安全衛生管理法的中央主管機關是 (1) 衛生福利主管機關 (2) 環境保護署 (3) 農業主管機關 (4) 消費者保護處。

2. (1) 以布丁 (Custard) 裝飾或充餡之蛋糕、派等應冷藏貯放，其中心溫度應在 (1) 攝氏 7 度以下凍結點以上 (2) 愈低愈好 (3) 攝氏 4 度以下 (4) 沒有特殊要求。

3. (3) 廚師於工作中，下列哪項情況是符合衛生規定？ (1) 戴手錶 (2) 戴戒子 (3) 配戴工作帽 (4) 戴項鍊。

4. (2) 販賣之食品依法應符合食品衛生標準，該標準應由何單位訂定？ (1) 消費者保護團體 (2) 衛生福利部 (3) 製造業者 (4) 衛生局。

5. （ 4 ） 包裝食品應如何標示日期？ (1) 標示製造日期 (2) 進口食品得以英文標示日期 (3) 進口食品日期之標示應以月日年為順序以避免混淆 (4) 標示有效日期。

6. （ 4 ） 經公告指定的餐飲業聘用之廚師，在四年證書有效期間內應接受總共多少小時的衛生教育？ (1)4 (2)10 (3)16 (4)32 小時。

7. （ 3 ） 工業上使用的化學物質可添加於食品嗎？ (1) 若屬於衛生福利部公告准用的食品添加物品目，則可依規定添加於食品中 (2) 視其安全性認定是否可添加於食品中 (3) 不得作食品添加物用 (4) 可任意添加於食品中。

8. （ 2 ） （本題刪題）屠宰供食用之家畜其屠體的衛生檢查規則由哪個機關主政？ (1) 衛生局 (2) 行政院農業委員會 (3) 衛生福利部 (4) 標準檢驗局。

9. （ 1 ） 食品添加物之使用，以下何者為正確？ (1) 應符合衛生福利部所定標準 (2) 業者可視加工需要使用並無限制 (3) 應購買經經濟部查驗登記領有許可證之食品添加物 (4) 可向化工原料行購買化工原料。

10. （ 4 ） 下列何者是不正確的？經衛生機關稽查食品業者於製造、調配、運送、貯存、販賣等過程中，如有違反食品安全衛生管理法，視其情節會有何種處分？ (1) 限期改善 (2) 處以罰鍰 (3) 移送法辦 (4) 產品充公拍賣。

11. （ 2 ） 衛生機關對於食品業者衛生管理強調： (1) 食品業者的品管作業是政府的責任 (2) 源頭管理與自主管理之重要性 (3) 各類食品於上市前應經衛生機關審查檢驗以確保安全 (4) 只要食品符合規定不必強調製程的重要。

12. （ 4 ） 公共飲食場所衛生管理辦法是直轄市、縣市主管機關依何機關標準定的？ (1) 衛生部 (2) 衛生處 (3) 衛生局 (4) 中央主管機關。

13. （ 2 ） 下列何者是餐飲業必須遵守的衛生最基本法令？ (1) 消防法 (2) 食品安全衛生管理法 (3) 廢棄物清理法 (4) 消費者保護法。

14. （ 2 ） 食品良好衛生規範準則由何機關定之？ (1) 衛生局 (2) 衛生福利部 (3) 衛生所 (4) 衛生處。

15. （ 4 ） 衛生主管機關之食品抽查或抽樣工作的主要目的為何？ (1) 例行公事 (2) 替業者做品管 (3) 上級交代辦事 (4) 實地了解業者有否遵守食品安全衛生管理法。

16. （ 2 ） 依據食品安全衛生管理法所為之抽樣檢驗，其檢驗方法 (1) 由抽驗機關自行決定 (2) 由衛生福利部公告指定 (3) 應自行研發 (4) 依快速檢測方法所得之結果作為處分依據。

17. （ 3 ） 依食品良好衛生規範準則，餐具中的大腸桿菌應呈何狀況？ (1) 鹼性 (2) 陽性 (3) 陰性 (4) 酸性。

18. （ 1 ） 依衛生標準冷凍生食用牡蠣 (Oyster) 中的沙門氏菌應呈何狀況？ (1) 陰性 (2) 陽性 (3) 酸性 (4) 鹼性。

19. （ 1 ） 依衛生標準冷凍蔬果類直接供食者每公克的生菌數應是多少以下？ (1)10 萬 (2)20 萬 (3)30 萬 (4)40 萬。

20. （ 3 ） 依食品良好衛生規範準則，餐飲業設施之化糞池位置與水源應距離多遠以上？ (1)5 公尺 (2)10 公尺 (3)15 公尺 (4)12 公尺。

21. （ 3 ） 衛生機關對違反衛生法規受罰鍰而逾期未繳納者如何處理？ (1) 催告後結案 (2) 移送警察機關派員收款後結案 (3) 依行政執行法強制執行 (4) 派員至營業場所站崗取款後結案。

22. （ 4 ） 故意規避衛生主管機關之食品抽查或抽樣工作，餐飲業者會受多少新台幣的罰鍰？ (1)9 百以上 9 千以下 (2)3 千以上 3 萬以下 (3)6 千以上 6 萬以下 (4)3 萬以上 300 萬以下。

23. (1) 檢舉或協助查獲違反衛生法規之業者，主管機關對檢舉人姓名如何處理？　(1) 嚴守祕密　(2) 公開傳播　(3) 儀式表揚　(4) 交業者作證據。

24. (2) 餐飲業者如妨礙衛生主管機關之食品抽查或抽驗，會被處以　(1) 移送法辦　(2)3 萬以上 300 萬以下罰鍰　(3) 拘役　(4) 沒有任何處分。

25. (2) 依據食品安全衛生管理法對食品業者所為之稽查由何機關負責？　(1) 行政院衛生福利部食品藥物管理署　(2) 各縣市衛生局　(3) 勞動部　(4) 經指定之研究機構。

26. (4) 下列何者不是經衛生福利部公告指定應設置衛生管理人員之食品製造工廠？　(1) 乳品製造業　(2) 即時餐食業　(3) 冷凍食品製造業　(4) 素食製造業。

27. (4) 下列何法規與餐飲業公共安全有直接關係？　(1) 國家賠償法　(2) 土地法　(3) 標準法　(4) 消防法。

28. (3) 下列何者屬市售包裝食品營養標示原則中所稱之「營養宣稱」？　(1) 含乳酸菌　(2) 不含人工甘味料　(3) 高膳食纖維　(4)「高鮮」味精。

29. (1) 採購食材時應注意下列何種食品須經衛生福利部查驗登記並取得許可證？　(1) 單方食品添加物　(2) 國產新穎性食品　(3) 以基因改造黃豆為原料製成之豆腐　(4) 鮮奶。

30. (3) 食品添加物之品名、規格及其使用範圍、限量標準，由下列哪一機關定之？　(1) 衛生局　(2) 衛生所　(3) 衛生福利部　(4) 行政院消費者保護處。

31. (2) 下列有關食品良好衛生規範準則 (GHP) 與食品安全管制系統準則 (HACCP) 之實施，下列何者是錯誤的　(1) 食品良好衛生規範準則係全面強制實施　(2) 食品良好衛生規範準則與食品安全管制系統準則應同步實施，以提升食品業者之水準　(3) 食品安全管制系統是建立在食品良好衛生規範的基礎之上　(4) 食品安全管制系統應視安全評估之風險大小及產業需求，選擇業別及規模，逐步公告實施。

32. (1) 食品業者對於衛生局依法抽驗食品之結果如有疑義　(1) 得於 15 日內向原抽驗機關申請複驗　(2) 得於 15 日內向衛生福利部申請複驗　(3) 不得申請複驗　(4) 申請複驗時發現原餘存檢體已變質則應重新取樣。

33. (2) 餐飲業者使用油炸用之食用油應在何時換油？　(1) 以太白粉水沉澱雜質使油保持澄清即可　(2) 總極性化合物 (total polar compounds) 含量超過 25% 時　(3) 使用濾油粉過濾即可不必換油　(4) 使用到油量不夠時換油。

34. (4) 下列何種食品毋需標示原產地（國）？　(1) 散裝食品　(2) 包裝食品　(3) 混裝茶葉　(4) 攤販販賣之水果。

MEMO

MEMO

MEMO

New Wun Ching Developmental Publishing Co., Ltd.

New Age · New Choice · The Best Selected Educational Publications — NEW WCDP

NEW WCDP

新文京開發出版股份有限公司

新世紀・新視野・新文京一精選教科書・考試用書・專業參考書